油气田节能监测技术问答

马建国　主编

U0198067

石油工业出版社

内 容 提 要

本书是为了解决油气田节能监测工作遇到的各种技术疑难问题而编写的。全书分为4章，以问题的形式展开，由浅入深地介绍了油气生产主要耗能设备监测的相关知识，主要包括基础知识、监测仪器使用、现场监测、分析评价，并给出了精选的10套模拟试题。

本书适合于从事油气田节能监测的管理人员、技术人员学习使用，也适合于在职人员培训和模拟考试之用。

图书在版编目(CIP)数据

油气田节能监测技术问答/马建国主编.

北京:石油工业出版社,2014.5

ISBN 978 – 7 – 5183 – 0172 – 0

Ⅰ. 油…

Ⅱ. 马…

Ⅲ. 油气田节能 – 监测 – 问题解答

Ⅳ. TE43 – 44

中国版本图书馆 CIP 数据核字(2014)第 091813 号

出版发行：石油工业出版社
　　　　　(北京安定门外安华里2区1号　100011)
　　　　　网　　址：www.petropub.com
　　　　　编 辑 部：(010)64523553　图书营销中心：(010)64523633
经　　销：全国新华书店
印　　刷：北京中石油彩色印刷有限责任公司

2014 年 5 月第 1 版　2016 年 7 月第 2 次印刷
880 × 1230 毫米　开本：1/32　印张：5.5
字数：156 千字

定价：25.00 元
(如出现印装质量问题，我社图书营销中心负责调换)

《油气田节能监测技术问答》
编 写 组

主　编: 马建国

副主编: 廉守军　　葛苏鞍

成　员: 周胜利　赵立新　陈　燕　胡建国

　　　　　杨光权　张东阳　李　鹏　王海军

　　　　　雷　钧　孙守渊　马中山　裴润有

　　　　　濮新宏　李珍义　陈　铭　于　鹏

　　　　　包　江　梁桂海　姜丽娟　韩　飞

　　　　　李亚军　赵　宏　张晓磊　于　博

　　　　　马冬宁

前　　言

在油气资源需求和油气生产规模不断攀升的总体形势下,油气开采作业又普遍进入低质低品位油藏阶段,油气田企业的综合能耗不断上升。在遏制油气田生产能耗上升的过程中,节能技术措施和节能精细管理发挥着举足轻重的作用。

技术方案制定与管理方式调整都离不开节能监测工作的有效支持。节能监测为节能主管部门宏观管理提供大量翔实的能效数据,为用能单位提供能源利用状况的科学分析,为节能技术措施提供严细的验证评价,为管理方式的完善改进提供及时的跟踪分析。

随着油气田节能监测标准的修订完善,各种新型测试仪器不断出现,新型节能设备的种类不断增加,节能监测工作遇到的各类技术问题也在不断增多,并长期困扰着一线监测技术人员的正确理解和准确操作。为了进一步提高油气田节能监测人员素质,提升各监测机构的技术能力,保证现场测试质量和监测评价水平,解决油气田节能监测工作遇到的各种具体技术疑难问题,我们组织编写了本书。

本书的技术问题统筹优选自一线监测人员多年的现场积累,在解答过程中也汇集了当前在节能监测方面的精英人才与技术专家。节能监测技术问答涉及与油气生产主要耗能设备监测的相关知识,主要包括:油气田耗能设备基础知识、监测仪器使用、现场监测、分析评价。在各章技术问答归类排序中,进一步以监测基础、机采系统、注水系统、集输系统、热力系统、供配电系统为顺序进行编写布局。编写组还结合技术问答与当前节能监测的培训要点,精细筛选、编排了10套模拟试题,以满足监测人员技能培训的需求。

本书贴近现场、解答权威,具有较强的技术性和实操性,同时技术问答编排合理,便于读者检索查询。本书不但适合从事油气田节能监测的管理人员、技术人员学习使用,也适合在职人员培训学习和模拟考试之用。

　　本书由马建国创意策划、统筹编写,并负责全书审核。本书是在各节能监测机构共同努力下完成,参与编写的人员主要来自中国石油天然气集团公司节能技术监测评价中心(廉守军、周胜利、胡建国、张东阳、于鹏、韩飞、张晓磊)、西北油田节能监测中心(葛苏鞍、赵立新、杨光权、李鹏、马中山、陈铭、包江)、西南油气田重庆环境节能监测中心(陈燕、李珍义、赵宏)、长庆油田节能监测站(裴润有、梁桂海、雷钧、王海军、濮新宏、于博、马冬宁)、玉门油田节能监测站(孙守渊、姜丽娟、李亚军)。

　　由于编者经验水平有限且时间较为仓促,疏漏之处恐难避免,欢迎广大读者批评指正(如有完善意见请反馈至:majianguo@ petrochina. com. cn)。

马建国

2014 年 3 月

目　　录

第1章 基 础 知 识

1. 能源的基本分类有哪些？

能源种类繁多,经过人类不断的开发与研究,更多新型能源已经开始能够满足人类需求。根据不同的划分方式,能源可分为不同的类型。

(1)按能源的形成和来源分类:① 来自太阳辐射的能量(如太阳能、煤、石油、天然气、水能、风能、生物能等);② 来自地球内部的能量(如核能、地热能);③ 天体引力能(如潮汐能)。

(2)按开发利用状况分类:① 常规能源(如煤、石油、天然气、水能、生物能);② 新能源(如核能、地热、海洋能、太阳能、风能)。

(3)按属性分类:① 可再生能源(如太阳能、地热、水能、风能、生物能、海洋能);② 非可再生能源(如煤、石油、天然气、核能、油页岩、沥青砂)。

(4)按转换传递过程分类:① 一次能源,直接来自自然界的能源,如煤、石油、天然气、水能、风能、核能、海洋能、生物能;② 二次能源,由一次能源经过加工转换得到的能源,如沼气、汽油、柴油、焦炭、煤气、蒸汽、电力(火电、水电、核电、太阳能发电、潮汐发电)。

2. 什么是常规能源？ 什么是新能源？

常规能源是技术上已经成熟,广泛应用的能源,如煤炭、石油、水能、核能等。

新能源是新近开始利用的,或还在开发研究中,技术尚未成熟的能源,如太阳能、潮汐能、地热能、风能等。

3. 石油分哪几类？ API 度是如何分类的？

石油分为石蜡基石油、环烷基石油和中间基石油三类。石蜡基石油含烷烃较多,环烷基石油含环烷烃、芳香烃较多,中间基石油介于两者之间。

原油的 API 度是由美国石油学会制定的用以表示石油及石油产品密度的一种量度。计算公式为:API 度 = 141.5/(60 ℉下的相对密度) - 131.5。当 API 度大于或等于 50 时,原油为超轻原油,小于 50 且大于或等于 35 时为轻质原油,小于 35 且大于或等于 26 时为中质原油,小于 26 且大于或等于 10 时为重质原油。

4. 天然气的基本成分是什么?

天然气的主要成分是甲烷,还含有少量乙烷、丙烷、丁烷、戊烷、二氧化碳、一氧化碳、硫化氢等。

5. 能量的基本性质是什么?

能量的基本性质主要有以下几个方面:
(1)能量转换的普遍性。
(2)能量转换在数量上的守恒性。
(3)能量转换的限制性。
(4)能量的传递性。

6. 能量守恒和转换定律的基本内容是什么?

能量守恒和转换定律是自然界最基本的定律之一,可表述为:
(1)一切物质都具有能量,能量有各种不同的形式,既不能被消灭,也不能被创造。
(2)在一定条件下能够从一种形式转换成另一种形式(或一个物体转移到另一个物体)。
(3)转换(或转移)前后,能量的总和保持不变。

7. 热力学第二定律的基本内容是什么?

热力学第二定律的基本内容包括以下几方面:
(1)能在任何循环中不能完全变成功。

(2)从温度平衡的物质中(即没有温差)不能得到功。

(3)热自己不能从冷的物质传到比它热的物质。

(4)热和最高可能的效率仅为极限温度所决定,而与工质的种类无关。

8. 什么是状态参数? 其基本特性是什么?

用于描述热力系统平衡状态的物理量称为状态参数。状态参数有两个基本特性,即热力学特性与数学特性。其热力学特性是指在能量转换过程中所显示出来的物理特征;其数学特性表现为具有点函数的性质,即某个状态参数值只取决于该状态,而与如何到达该状态所走过的途径无关。

9. 什么叫机械能? 它的大小与什么有关?

物体或物质系统因做机械运动而具有的能称为机械能。机械能与物体的位置及位置的变化有关,其大小等于物体或物质系统在某一时刻所具有的宏观动能和宏观势能的总和。

10. 什么叫内能? 它的大小与什么有关?

物体因内部微观粒子的热运动而具有的能称为内能。内能与物质的热运动相联系,其大小等于宏观物体内所有分子热运动的动能,分子间相互作用的势能以及分子内原子、电子等运动的能量总和。

11. 温度与物体的内能两者之间的关系是什么?

(1)物体的温度升高时,分子的动能增加,并且由于该物体受热时体积膨胀,致使分子间距离变大,分子势能也增加。

(2)温度降低时,分子的动能减少,一般物体冷却时体积收缩,使分子间的距离变小,分子势能也减少,因此内能减少。

12. 效率的基本含义是什么?

效率是指有用功率对驱动功率的比值。同时也引申出了多种含义,效率也分为很多种,比如机械效率、热效率等。

13. 什么是能源效率?

能源效率是指在利用能源资源的各项活动(从开采到终端利用)中,所得到的起作用的能源量与实际消耗的能源量之比。

14. 计算能源效率有什么意义?

计算能源效率水平是分析节能潜力的重要手段之一。正确计算能源效率水平,可以预测能源系统各环节的节能潜力、各项主要技术的进展及节能率、推广应用的范围和经济性,据此可估计预测期能实现的节能潜力,为节能规划工作提供依据。

15. 什么叫能源强度?

能源强度是能源利用与经济或物力产出之比,是用于对比不同国家和地区能源综合利用效率的最常用指标之一,体现了能源利用的经济效益。在国家层面,能源强度是国内一次能源使用总量或最终能源使用与国内生产总值之比。常用的计算方法有两种:一种是单位国内生产总值(GDP)所需消耗的能源;另一种是单位产值所需消耗的能源。而后者所用的产值,由于随市场价格变化波动较大,因此若非特别注明,能源强度均指代单位 GDP 能耗,最常用的单位为"吨标准煤每万元"。

16. 何谓能源消费弹性系数?如何计算能源消费弹性系数?

能源消费弹性系数是指某个计算时期内能源消费量年均增长率与国民经济年均增长率之比。它反映能源与经济增长的相互关系,其计算公式为:

$$能源消费弹性系数 = \frac{能源消费年均增长率}{国民经济年均增长率} \qquad (1.1)$$

式(1.1)中,国民经济年均增长率通常采用国民生产总值、国内生产总值、国民收入、社会总产值或工农业总产值的年均增长率来表示。常用于中期、近期能源规划和远期能源战略分析。

17. 节约能源的途径有哪些?

(1)加强能源科学管理。
(2)合理组织燃料的燃烧。
(3)加强传热优化。
(4)减少散热损失。
(5)余热回收利用。
(6)采用节能新技术、新工艺。
(7)对能源利用过程作出合理、全面的科学评价。

18. 节能监测的定义是什么?

节能监测是指根据国家有关节约能源的法律法规(或行业、地方规定)和能源标准,对用能单位的能源利用状况所进行的监督、检查、测试和评价工作。

19. 节能监测工作的性质和主要任务是什么?

节能监测是执法性质的工作。随着国家对能源管理的法律、法规的建立和完善而提上工作日程。其主要任务包括对能源的消耗量、耗能设备的效率、产品的能耗水平、供能质量和对固定资产的工程项目等是否符合国家节能规定进行监督性检查和测试。

20. 节能监测的范围是什么?

节能监测的范围主要有以下两个方面:
(1)对重点用能单位定期进行综合节能监测。
(2)对用能单位的重点用能设备进行单项节能监测。
综合节能监测是指对用能单位整体的能源利用状况进行的节能监测。单项节能监测是指对用能单位能源利用状况中的部分项目进行的监测,如对工业锅炉、热力输送系统、企业供配电系统、三相异步电动机等进行的单项监测。

21. 节能监测项目和指标确定的原则是什么?

监测的内容和指标体现了国家对监测项目的能源利用状况所规定的必须达到的水平,也就是最低的要求。在制定监测方法时,应根据监测项目的现实状况,通过调研和测试,掌握大量资料数据,在取值时对照参考。在确定监测内容和指标时,要抓住与能耗有关的主要内容和指标,考虑到多数企业能够达到或经过努力可以达到,以鼓励企业节能的积极性。为了使监测数据具有重复再现性以及易于操作实施,应尽量采用单项指标。

22. 节能监测限定值与节能监测节能评价值的区别是什么?

节能监测限定值是指节能监测合格的最低标准,标准所确定的节能监测节能评价值为节能监测系统或设备的节能运行状态指标。

23. 节能测试的准备工作一般有哪几个方面?

节能测试的准备工作一般有以下几个方面:

(1)制定测试大纲。测试大纲的内容一般包括:测试的任务和要求、测试的内容和方法、测试的程序和测试次数计划表、测试项目及测点布置、测试的技术准备、工作要点、组织分工、安全措施和进度等。

(2)选择测试用的仪器仪表及有关设备,并进行必要的校验。

(3)对被测设备进行全面检查、校正和排除不正常现象。

(4)编制原始记录表。

24. 什么叫有功功率?

有功功率是将电能转化其他形式能量(如机械能、光能、热能)的电功率。由于交流电的瞬时功率不是一个恒定值,交流电路中的有功功率是瞬时功率在一个周期内的平均值,有功功率也称平均功率,它是指在电路中电阻部分所消耗的功率。有功功率一般用 P 表示,单位为瓦特(W)。

25. 什么叫无功功率?

许多用电设备是根据电磁感应原理工作的,如配电变压器、电动机等,它们都是依靠建立交变磁场才能进行能量的转换和传递。为建立交变磁场和感应磁通而需要的电功率称为无功功率。因此,所谓的"无功"并不是"无用"的电功率,只不过它的功率并不转化为机械能、热能而已。在供用电系统中,除了需要有功电源外,还需要无功电源,两者缺一不可。无功功率一般用 Q 表示,单位为乏(var)。

26. 什么叫视在功率?

在具有电阻和电抗的电路内,电压与电流的乘积叫视在功率。视在功率一般用 S 表示,单位为伏安(V·A)。

27. 什么叫功率因数? 为什么要提高功率因数?

在交流电路中,电压与电流之间的相位差 ϕ 的余弦叫做功率因数,用符号 $\cos\phi$ 表示。在数值上,功率因数是有功功率和视在功率的比值,即 $\cos\phi = P/S$。在电力网的运行中,功率因数反映了电源输出的视在功率被有效利用的程度。

提高功率因数有两方面的意义,一是可以减小输电线路上的功率损失,二是可以充分发挥电力设备(如发电机、变压器等)的潜力。

28. 什么叫星形接法?

三相电的星形接法是将各相电源或负载的一端都接在一点上,而它们的另一端作为引出线,分别为三相电的三个相线。可以将中点(称为中性点)引出作为中性线,形成三相四线制;也可不引出,形成三相三线制。

29. 什么叫三角形接法？

三相电的三角形接法是将各相电源或负载依次首尾相连,并将每个相连的点引出,作为三相电的三个相线。三角形接法没有中性点,也不可引出中性线,因此只有三相三线制。添加地线后,成为三相四线制。

30. 在电工技术中为什么要引入交流电有效值的概念？

正弦交流电的大小和方向都是随时间变化的,不论是瞬时值或幅值都不能反映交流电在电路中做功的能力,而且计算和测量也不方便。为此,在电工技术中引入了交流电有效值的概念。

31. 周期、频率、角频率三者的关系如何？

周期 T、频率 f、角频率 ω 三者之间的关系见式(1.2)至式(1.4):

$$\omega = 2\pi f = \frac{2\pi}{T} \tag{1.2}$$

$$T = \frac{1}{f} \tag{1.3}$$

$$f = \frac{1}{T} \tag{1.4}$$

32. 什么叫电流互感器？有什么作用？

电流互感器是一种电流变换装置,它将高电压电流或低电压大电流变成电压较低的较小电流,供给仪表和继电保护装置,并将仪表和保护装置与高电压电路隔离。电流互感器二次侧电流最大值均为5A,从而使测量仪表和继电保护装置使用安全、方便,所以在电力系统中得到广泛应用。

33. 油气田生产基本工艺有哪些？

油田主要有注入生产工艺(包括注水、注聚、注汽等)、机械采油生产工艺、油气集输生产工艺(包括分井计量、油气水分离、原油脱水、原油稳定、原油输送、加热等)、天然气处理生产工艺。

气田主要有注气生产工艺、采气生产工艺、天然气处理生产工艺、天然气输送生产工艺。

34. 什么是机械采油系统?

由井下泵、油管、电动机、传动及辅助装置组成,用以将油井产出液从井下举升至地面的采油设备总体和油井所组成的系统称为机械采油系统。主要包括抽油机采油系统、电潜泵采油系统和螺杆泵采油系统。

35. 什么是抽油机采油系统?

由井下抽油泵、油管、抽油杆柱、抽油机、电动机及辅助装置组成,通过抽油杆柱带动井下抽油泵柱塞上下往复运动,将油井产出液举升至地面的采油设备总体和油井所组成的机械采油系统。

36. 什么是电潜泵采油系统?

由多级离心泵、潜油电动机、保护器、分离器、电缆、油管、控制机辅助装置组成,通过潜油电动机驱动多级潜油离心泵,将油井产出液举升至地面的采油设备总体和油井所组成的机械采油系统。

37. 什么是螺杆泵采油系统?

由井下螺杆泵、抽油杆柱、油管、电动机、地面传动及辅助装置组成,电动机通过抽油杆柱传递扭矩来驱动井下螺杆泵,将油井产出液举升至地面的采油设备总体和油井所组成的机械采油系统。

38. 什么是机械采油井泵的排量系数?

机械采油井实际产液量与泵理论流量的比值。电潜泵井和螺杆泵井的排量系数也称为排量效率。

39. 螺杆泵的工作特性是什么？

螺杆泵可将介质连续地、均速地,而且容积恒定地从吸入口送到压出端,与活塞泵、离心泵、叶片泵、齿轮泵相比具有下列优点:

(1)能输送高固体含量的介质。

(2)流量均匀,压力稳定,低转速时更为明显。

(3)流量与泵的转速成正比,因而具有良好的变量调节性。

(4)一泵多用,可以输送不同黏度的介质。

(5)泵的安装位置可以任意倾斜。

(6)适合输送敏性物品和易受离心力等破坏的物品。

(7)体积小,重量轻,噪声低,结构简单,维修方便。

40. 稠油的种类是如何划分的？

我国稠油沥青质含量低,胶质含量高,金属含量低,稠油黏度偏高,相对密度则较低。根据我国稠油的特点,分类标准见表1.1。在分类标准中,以原油黏度为第一指标,相对密度为辅助指标,当两个指标发生矛盾时则按黏度进行分类。

表 1.1 稠油分类标准

分类			第一指标	辅助指标	开采方式
			黏度,mPa·s	相对密度(20℃)	
稀油			<50(油层条件)	<0.9000	注水开发
普通稠油	I	I-1	50~100(油层条件)	>0.9000	可以注水
		I-2	100(油层条件)~10000(脱气原油)	>0.9200	热采
特稠油	II		10000~50000(脱气原油)	>0.9500	热采
超稠油(天然沥青)	III		>50000(脱气原油)	>0.9800	热采

41. 什么是稠油生产的油汽比？影响因素主要有哪些？

热力采油时,生产单位稠油所消耗的蒸汽量称为稠油生产的油汽比。影响因素主要有地质构造(构造形态、断层)、储层特性(油层深度、油层厚度、隔夹层、非均质性、储层物性等)、流体性质(原油物性、初始含油饱和度等)。

42. 什么叫蒸汽干度？什么叫蒸汽湿度？

在汽化过程中,饱和水与饱和蒸汽共存时,称为湿蒸汽或汽水混合物。饱和蒸汽中不含水分时称干蒸汽。湿蒸汽中所含饱和水分的质量分数称湿度,用 w 表示;湿蒸汽中所含干蒸汽的质量分数称干度,也称质量含汽率,用 x 表示。湿度与干度的关系是 $w = 1 - x, x = 1 - w$;干饱和蒸汽的干度为1,湿度为0。

43. 什么是电动机的负载系数？

负载系数是指电动机的实际输出功率与额定输出功率的比值。

44. 什么是电动机的综合功率损耗？

综合功率损耗是指电动机运行时的有功损耗与因无功功率使电网增加的有功损耗之和。

45. 泵的基本参数有哪些？

泵的基本参数有:

(1)流量,单位时间内排到管路系统中的液体体积,用 Q 表示,单位为立方米每秒(m^3/s)。

(2)扬程,液体通过泵后所提升的高度,用 H 表示,单位为米(水柱)[m(水柱)]。

(3)转速,泵叶轮每分钟旋转的圈数,用 n 表示,单位为转每分钟(r/min)。

(4)功率,电动机输入给泵的功率叫轴功率,用 P 表示,单位时间流经泵的液体所获得的能量叫有效功率,用 P_e 表示,两者的单位都为千瓦(kW)。

(5)效率,泵的有效功率与轴功率比值的百分数,用 η 表示。

46. 离心泵常见流量调节方式有哪些？

离心泵流量的调节可通过改变管线或泵的特性曲线来实现。管线特性曲线可利用泵排出口的阀门进行调节，而泵的特性曲线可用改变转速、改变叶轮级数和车削叶轮外径等方法进行调节。

47. 往复泵常见流量调节方式有哪些？

往复泵的流量不能采用出口阀来调节，常用旁路调节、转速调节和行程调节的方法调节流量。

48. 什么是离心泵的车削定律？

同一台泵叶轮车削后，流量、扬程及轴功率的变化：对中、高比转数的叶轮来说，分别与叶轮外径的一次方、二次方、三次方成正比；对低比转数的叶轮来说，分别与叶轮外径的二次方、三次方、四次方成正比。车削定律不是一个十分精确的关系式，车削量越大，可能误差越大。

49. 往复泵的工作特点是什么？

（1）往复泵的理论流量与管路特性无关，只取决于泵本身，而提供的压力只决定于管路特性，与泵本身无关。往复泵的排出压力升高时，泵内泄漏损失加大，因此泵的实际流量随压力增大而略有下降。

（2）泵的轴功率随排出压力的升高而增大。泵的效率也随之提高，但压力超过额定值后，由于泵内泄漏量的增大，效率会有所下降。

（3）随着液体黏度的增大和含气量的增加，泵的流量下降，效率下降。

（4）必须安装有安全阀。

（5）泵的流量不能采用出口阀来调节，常用旁路调节、转速调节和行程调节的方法调节流量。

（6）往复泵启动前不用灌泵，但启动前必须打开出口阀。

50. 离心泵的工作特点与往复泵有何不同？

离心泵的工作原理和能量转换方式与往复泵相比有以下不同：

（1）离心泵内的液体是连续流动的，能量连续地由叶片传给液体，所以离心泵流量均匀，压力平稳。

（2）离心泵结构简单，可用高速原动机直接驱动叶轮高速转动，不需要机械减速装置，在同一流量和扬程的情况下，与往复泵相比，机组尺寸小、重量轻。

（3）离心泵无往复运动件，易损件少，因此其维修工作量比往复泵小。

（4）由于离心泵的流量可用阀门进行调节，因而调节流量比往复泵方便。

但是，离心泵在输送高含砂和高黏度液体时问题较多。

51. 常见机械传动机构的传动效率是多少？

常见机械传动效率见表1.2。

表1.2 常见机械传动效率

序号	传动类别	传动型式	传动效率
1	圆柱齿轮传动	很好跑合的6级精度和7级精度齿轮传动（稀油润滑）	0.98～0.99
2	圆柱齿轮传动	8级精度的一般齿轮传动（稀油润滑）	0.97
3	圆柱齿轮传动	9级精度的齿轮传动（稀油润滑）	0.96
4	圆柱齿轮传动	加工齿的开式齿轮传动（干油润滑）	0.94～0.96
5	圆柱齿轮传动	铸造齿的开式齿轮传动	0.90～0.93
6	圆锥齿轮传动	很好跑合的6级精度和7级精度齿轮传动（稀油润滑）	0.97～0.98
7	圆锥齿轮传动	8级精度的一般齿轮传动（稀油润滑）	0.94～0.97
8	圆锥齿轮传动	加工齿的开式齿轮传动（干油润滑）	0.92～0.95
9	圆锥齿轮传动	铸造齿的开式齿轮传动	0.88～0.92

序号	传动类别	传动型式	传动效率
10	蜗杆传动	自锁蜗杆	0.40 ~ 0.45
11	蜗杆传动	单头蜗杆	0.70 ~ 0.75
12	蜗杆传动	双头蜗杆	0.75 ~ 0.82
13	蜗杆传动	三头和四头蜗杆	0.80 ~ 0.92
14	蜗杆传动	圆弧面蜗杆传动	0.85 ~ 0.95
15	带传动	平带无压紧轮的开式传动	0.98
16	带传动	平带有压紧轮的开式传动	0.97
17	带传动	平带交叉传动	0.90
18	带传动	V带传动	0.96
19	链传动	焊接链	0.93
20	链传动	片式关节链	0.95
21	链传动	滚子链	0.96
22	链传动	无声链	0.97
23	丝杠传动	滑动丝杠	0.30 ~ 0.60
24	丝杠传动	滚动丝杠	0.85 ~ 0.95
25	绞车卷筒		0.94 ~ 0.97
26	滑动轴承	润滑不良	0.94
27	滑动轴承	润滑正常	0.97
28	滑动轴承	润滑特好(压力润滑)	0.98
29	滑动轴承	液体摩擦	0.99
30	滚动轴承	球轴承(稀油润滑)	0.99
31	滚动轴承	滚子轴承(稀油润滑)	0.98
32	摩擦传动	平摩擦传动	0.85 ~ 0.92
33	摩擦传动	槽摩擦传动	0.88 ~ 0.90
34	摩擦传动	卷绳轮	0.95
35	联轴器	浮动联轴器	0.97 ~ 0.99
36	联轴器	齿轮联轴器	0.99

续表

序号	传动类别	传动型式	传动效率
37	联轴器	弹性联轴器	0.99 ~ 0.995
38	联轴器	万向联轴器($\alpha \leqslant 3°$)	0.97 ~ 0.98
39	联轴器	万向联轴器($\alpha > 3°$)	0.95 ~ 0.97
40	联轴器	梅花接轴	0.97 ~ 0.98
41	联轴器	液力联轴器(在设计点)	0.95 ~ 0.98
42	复滑轮组	滑动轴承($I = 2 \sim 6$)	0.98 ~ 0.90
43	复滑轮组	滚动轴承($I = 2 \sim 6$)	0.99 ~ 0.95
44	减(变)速器	单级圆柱齿轮减速器	0.97 ~ 0.98
45	减(变)速器	双级圆柱齿轮减速器	0.95 ~ 0.96
46	减(变)速器	单级行星圆柱齿轮减速器	0.95 ~ 0.96
47	减(变)速器	单级行星摆线针轮减速器	0.90 ~ 0.97
48	减(变)速器	单级圆锥齿轮减速器	0.95 ~ 0.96
49	减(变)速器	双级圆锥—圆柱齿轮减速器	0.94 ~ 0.95
50	减(变)速器	无级变速器	0.92 ~ 0.95
51	减(变)速器	轧机人字齿轮座(滑动轴承)	0.93 ~ 0.95
52	减(变)速器	轧机人字齿轮座(滚动轴承)	0.94 ~ 0.96
53	减(变)速器	轧机主减速器(包括主联轴器和电动机联轴器)	0.93 ~ 0.96

52. 三相异步电动机的损耗主要有哪些?

三相异步电动机的损耗主要有基本铁损耗、绕组电阻损耗与电刷接触损耗、杂散损耗及风摩损耗。

（1）基本铁损耗：在铁芯中，主磁通交变引起磁滞及涡流损耗。

（2）绕组电阻损耗与电刷接触损耗：绕组电阻损耗是电流流过绕组电阻产生的损耗，即铜损耗；电动机电刷与集电环或换向器接触时，由于电压降和电流分布不均匀产生电刷接触损耗。

（3）杂散损耗：由定子、转子绕组中电流产生的漏磁场及高次谐波磁场，以及由气隙磁导变化产生的气隙磁场变化而引起的损耗。

（4）风摩损耗：风扇及通风系统损耗、电动机转子表面与冷却介质的摩擦损耗、轴承损耗及电刷摩擦损耗等各损耗之和。

53. 目前油田主要应用的注水泵有哪几类？各有什么特点？

主要有离心式注水泵和柱塞式注水泵。离心泵排量大，维护简单，在注水量大、注水压力为 16MPa 的系统里被广泛采用，是高渗透率、整装大油田的主力泵型。柱塞泵具有扬程高、排量小、效率高、电力配套设施简单（指 380V 电压系统）等特点，适用于注水量低、注水压力高的中低渗透率油田或断块油田。

54. 什么叫显热？什么叫潜热？

物体在加热或冷却过程中，温度升高或降低而不改变其原有相态所需吸收或放出的热量，称为"显热"。例如：水从 20℃ 升温到 80℃ 所吸收的热量就是显热。

在物体吸收或放出热量过程中，其相态发生了变化（如气体变成液体），但温度不发生变化，这种吸收或放出的热量叫"潜热"。例如：100℃ 的水变成 100℃ 的水蒸气时所需要吸收的热量（汽化热）就是潜热。

55. 传热有哪几种方式？

在日常生活与生产中，经常遇到温度高的物体向温度低的物体传递热量。传递热量的过程尽管是多种多样的，但是无论多么复杂的传热过程，都是由对流、辐射、传导三种传热方式组成的，只是在不同的场合，以其中一种或两种传热方式为主，其他传热方式为辅而已。

56. 什么叫静压？什么叫动压？什么叫全压？

流体垂直作用在管道壁上的压力叫静压。流体在管道内或风道内流动时，由于速度所产生的压力称为动压或速度压头。全压是指某点上静压和动压的代数和。

57. 什么叫热流密度？

热流密度也称热通量，一般用 q 表示，定义为：单位时间内，通过物体单位横截面积上的热量。按照国际单位制，时间为秒（s），面积为平方米（m^2），热量单位取焦耳（J），相应的热流密度单位为焦耳每平方米秒［$J/(m^2 \cdot s)$］，一般工程中用瓦每平方米（W/m^2）表示。

58. 什么叫比热容？

比热容又称质量热容，是单位质量物质的热容量，即单位质量物体改变单位温度时的吸收或释放的热量。比热容是表示物质热性质的物理量，通常用符号 c 表示。

59. 什么叫焓？

工质的热力状态参数之一，表示工质所含的全部热能，为系统的内能与压力和体积乘积之和，用式（1.5）表示：

$$H = U + pV \tag{1.5}$$

式中　H——焓，J；

　　　U——系统内能，J；

　　　p——压力，Pa；

　　　V——体积，m^3。

60. 什么叫导热系数？

导热系数是指在稳定传热条件下，1m 厚的材料，两侧表面的温差为 1K，在 1s 内，通过 $1m^2$ 面积传递的热量，用 λ 表示，单位为瓦每米开［$W/(m \cdot K)$］，若温差为 1℃，则此处的 K 可用℃代替。

导热系数是表明物质导热能力大小的一个指标，只决定于物质本身的物理特性，而与外部条件没有关系。

在各种固体材料中，金属材料的导热系数最大，约为几十至几百瓦每米摄氏度；建筑材料（砖、石料、混凝土等）的导热系数在 0.5 ~

3W/(m·℃)范围内。导热系数低于0.2W/(m·℃)的材料称为绝热材料。

液体的导热系数比固体的导热系数小得多,一般在0.02~0.7W/(m·℃)范围内;气体的导热系数比液体更低。

61. 国际单位制焦耳的定义是什么? 20℃卡与焦耳间的换算是多少?

(1)1N的力作用于质点,使它沿力的方向移动1m距离所做的功称为1J(或1A电流在1Ω电阻上1s内所消耗的电能称为1J)。

(2)20℃卡与焦耳间的换算式:$1cal_{20}$(20℃卡) = 4.1868J(焦耳)。

62. 什么是比体积(质量体积)、密度和重度? 它们各自的法定计量单位是什么?

(1)单位质量工质所占有的容积称为比体积(质量体积),其法定计量单位是立方米每千克(m^3/kg)。

(2)单位容积中所容纳的工质的质量称为密度,其法定计量单位是千克每立方米(kg/m^3)。

(3)单位容积中所容纳的工质的重量称为重度,其法定计量单位是牛顿每立方米(N/m^3)。

63. 什么是锅炉热效率?

锅炉热效率是指送进锅炉的燃料全部完全燃烧时用来产生蒸汽或加热水的热量占所能发出热量的比例。它是一个能真实说明锅炉运行的热经济性指标。

64. 什么是锅炉正平衡法? 有何优缺点?

正平衡法也叫直接法,即直接测试锅炉的工质流量、温度、压力、燃料消耗量及其发热量等数值,按式(1.6)求锅炉热效率。

$$\eta = Q_1/Q_r \times 100\% \tag{1.6}$$

式中　η——锅炉热效率,用百分数表示;

　　　Q_1——有效利用热量,kJ/h;

　　　Q_r——输入热量,kJ/h。

使用正平衡法计算锅炉效率比较简单,测量的项目少,对于小型锅炉,燃料量可准确称量,故采用此法较方便;但此法只能求出锅炉出力大小和效率高低,找不出损耗原因。

65. 什么是锅炉反平衡法? 有何优缺点?

反平衡法也叫间接法,即用测定锅炉各项热损失的方法来确定锅炉热效率,见式(1.7)。

$$\eta = 100\% - (q_2 + q_3 + q_4 + q_5 + q_6) \tag{1.7}$$

式中　$q_2 = Q_2/Q_r \times 100\%$,排烟热损失量 Q_2 占输入热量的百分数;

　　　$q_3 = Q_3/Q_r \times 100\%$,气体未完全燃烧热损失量 Q_3 占输入热量的百分数;

　　　$q_4 = Q_4/Q_r \times 100\%$,固体未完全燃烧热损失量 Q_4 占输入热量的百分数;

　　　$q_5 = Q_5/Q_r \times 100\%$,散热损失量 Q_5 占输入热量的百分数;

　　　$q_6 = Q_6/Q_r \times 100\%$,灰渣物理热损失量 Q_6 占输入热量的百分数。

反平衡法可以从各项能量损失的分析中,提出减少损失、采取措施、提高效率的途径。

66. 什么是烟气? 烟气的主要成分是哪些?

烟气是燃料完全燃烧的生成物和不完全燃烧的生成物及送往烟囱的过剩空气的总称。烟气的主要成分通常为水蒸气(H_2O)、二氧化碳(CO_2)、一氧化碳(CO)和氮气(N_2)。含硫高的燃料,也不能忽视二氧化硫(SO_2)或三氧化硫(SO_3)的存在。

67. 什么是烟气中的三原子气体？

烟气中的三原子气体是指烟气中由三个原子组成的气体成分,主要有 CO_2,SO_2,NO_2 等气体,用 RO_2 表示。

68. 什么叫理论空气量？什么叫过剩空气系数？

燃料中可燃成分完全燃烧,烟气中又无剩余氧存在时,这种理想情况下燃烧所需的空气量称为理论空气量。

在锅炉实际运行时,由于锅炉燃烧技术条件的限制,不可能做到空气与燃料理想地混合。为使燃料尽可能地燃尽(完全燃烧),实际供给的空气量要比计算出的理论空气量多。

实际空气量与理论空气量之比值称为过剩空气系数。

69. 煤的工业分析有哪些项目？它们的含量多少对煤质有何影响？

煤的工业分析项目一般包括水分、灰分、挥发分、固定碳含量等。各项目的含量对煤质影响如下:

(1)煤的水分含量多对着火不利,影响发热量。

(2)灰分含量多则使燃烧困难。

(3)挥发分含量多对着火有利。

(4)固定碳含量多,发热量高。

70. 什么叫燃料的高位发热量和低位发热量？

单位质量的燃料在完全燃烧时所发出的热量称为燃料的发热量。高位发热量是指 1kg 燃料完全燃烧时放出的全部热量,包括烟气中水蒸气已凝结成水所放出的汽化潜热。从燃料的高位发热量中扣除烟气中水蒸气的汽化潜热时,称燃料的低位发热量。

71. 测试设备及管道散热损失常用的方法有哪些？

设备及管道散热损失常采用热平衡法、表面温度法、热流计法进行测试。

72. 直流锅炉有哪些特点？

直流锅炉由于没有汽包,具有下述特点:

(1)不受压力限制,运行中适用于任何压力,尤其适用于超高压力。

(2)无汽包且炉管管径小,可节省钢材,使炉体质量较轻,便于制造、安装和运移。

(3)由于强制工质流动,锅炉的蒸发受热面的管子布置比较自由。

(4)无汽包和采用直径较小的蒸发管,使整个锅炉的存水量较小,锅炉储存的热量也少,从而可快速启停和升降负荷。

由于直流锅炉具有上述特点,所以在国内外稠油开采中常把它用作油层注汽的蒸汽发生器。

73. 油气田生产用加热炉按结构如何分类？

油气田生产用加热炉按基本结构分为两类,即火筒式加热炉和管式加热炉。在金属圆筒壳体内设置火筒传递热量的加热炉,称为火筒式加热炉;用火焰通过炉管直接加热炉管中介质的加热炉,称为管式加热炉。

74. 油气田生产用加热炉型号的表示方法是什么？

根据 SY/T 0540《石油工业用加热炉型式与基本参数》,加热炉型号表示方法如图1.1所示。

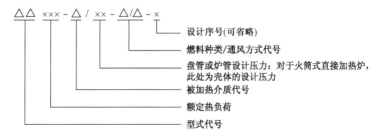

图1.1 加热炉型号表示

图 1.1 中型式代号、被加热介质代号、燃料种类/通风方式代号见表 1.3 至表 1.5。

表 1.3 型式代号

加热炉的基本结构型式		代号
火筒式加热炉	火筒式直接加热炉	HZ
	火筒式间接加热炉	HJ
管式加热炉	立式圆筒管式加热炉	GL
	卧式圆筒管式加热炉	GW
	卧式异型管式加热炉	GWY

表 1.4 被加热介质代号

被加热介质种类	代号
原油	Y
生产用水	S
天然气	Q
气液混合物(原油、天然气、水混合物)	H

表 1.5 燃料种类/通风方式代号

燃料种类	代号	通风方式	代号
燃料油	Y	强制通风	Q
天然气	Q		
煤气	MQ	自然通风	Z
煤	M		

示例:HZ600 - Y/0.4 - Q/Q 加热炉表示额定热负荷为 600kW,被加热介质为原油,壳体的设计压力为 0.4MPa,燃料为天然气,通风方式为强制通风,第一次设计的火筒式直接加热炉。

75. 加热炉型号为 GW2500 - SY/4.0 - YQ 的具体含义是什么?

加热炉型号由三部分组成,各部分之间用短线相连。第一部分表示加热炉型式及额定热负荷;第二部分表示被加热介质种类及加热炉盘管或炉管的设计工作压力;第三部分表示加热炉燃烧用燃料的种类。GW2500 - SY/4.0 - YQ 代表额定功率为 2500kW 的用于加热油水混合物的油气两用卧式圆筒管式加热炉。

76. 工业锅炉型号的表示方法是什么?

按 JB/T 1626《工业锅炉产品型号编制方法》规定,工业锅炉产品型号由三部分组成,各部分之间用短横线相连,如图 1.2 所示。

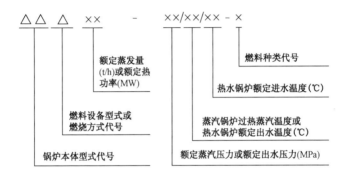

图 1.2　工业锅炉产品型号组成

各部分表示内容如下:

(1)型号的第一部分表示锅炉本体型式和燃烧设备型式或燃烧方式及锅炉容量。共分三段:

① 第一段用两个大写汉语拼音字母代表锅炉本体型式,见表 1.6。

表 1.6　锅炉本体型式代号

锅炉类别	锅炉本体型式	代号
锅壳锅炉	立式水管	LS(立水)
	立式火管	LH(立火)
	立式无管	LW(立无)
	卧式外燃	WW(卧外)
	卧式内燃	WN(卧内)

续表

锅炉类别	锅炉本体型式	代号
水管锅炉	单锅筒立式	DL(单立)
	单锅筒纵置式	DZ(单纵)
	单锅筒横置式	DH(单横)
	双锅筒纵置式	SZ(双纵)
	双锅筒横置式	SH(双横)
	强制循环式	QX(强循)

注:水火管混合式锅炉,以锅炉主要受热面型式采用锅壳锅炉或水管锅炉本体型式代号,但在锅炉名称中应写明"水火管"字样。

② 第二段用一个大写汉语拼音字母代表燃烧设备型式或燃烧方式,见表1.7。

表1.7 燃烧设备型式或燃烧方式代号

燃烧设备	代号	燃烧设备	代号
固定炉排	G	下饲炉排	A
固定双层炉排	C	抛煤机	P
链条炉排	L	鼓泡流化床燃烧	F
往复炉排	W	循环流化床燃烧	X
滚动炉排	D	室燃炉	S

③ 第三段用阿拉伯数字表示蒸汽锅炉额定蒸发量(t/h)或热水锅炉额定热功率(MW)。

各段连续书写。

(2)型号的第二部分表示介质参数。

对蒸汽锅炉分两段,中间以斜线相连,第一段用阿拉伯数字表示额定蒸汽压力,第二段用阿拉伯数字表示过热蒸汽温度,蒸汽温度为饱和温度时,型号的第二部分无斜线和第二段。

对热水锅炉分三段,中间也以斜线相连,第一段用阿拉伯数字表示额定出水压力;第二段和第三段分别用阿拉伯数字表示额定出水温度和额定进水温度(℃)。

（3）型号的第三部分表示燃料种类。用大写汉语拼音字母代表燃料品种,同时用罗马数字代表同一燃料品种的不同类别,与其并列。（燃料品种代号）见表1.8。如同时使用几种燃料,主要燃料放在前面,中间以顿号隔开。

表1.8　燃料种类代号

燃料品种	代号	燃料品种	代号
Ⅱ类无烟煤	WⅡ	型煤	X
Ⅲ类无烟煤	WⅢ	水煤浆	J
Ⅰ类烟煤	AⅠ	木柴	M
Ⅱ类烟煤	AⅡ	稻壳	D
Ⅲ类烟煤	AⅢ	甘蔗渣	G
褐煤	H	油	Y
贫煤	P	气	Q

示例:型号 SZS10 – 1.6/350 – Y、Q 表示双锅筒纵置式室燃,额定蒸发量为 10t/h,额定蒸汽压力为 1.6MPa,过热蒸汽温度为 350℃,燃油、燃气两用,以燃油为主的蒸汽锅炉。

77. 什么叫压缩因子?

在规定压力和温度下,任意质量气体的体积与该气体在相同条件下按理想气体定律计算的气体体积的比值。

78. 什么叫相对密度?

在相同的规定压力和温度条件下,气体的密度除以具有标准组成的干空气的密度。

79. 天然气压缩机按级数可以分为哪几种?

天然气压缩机按压缩机级数分为单级、两级、多级。

80. 什么叫压缩机的指示功率?

压缩机单位时间内作用于压缩天然气的功。

81. 什么叫天然气压缩机组的吸气压力？

吸入压缩机的气体压力,多级压缩机存在各级间吸气压力。

82. 什么叫天然气压缩机组的排气压力？

最终排出压缩机的气体压力,多级压缩机各级间存在级间排气压力,排气压力由排气管网决定,排入管网的流量与用户耗气量需要达到平衡。

83. 什么叫天然气压缩机组的级间压力？

多级压缩机末级以前各级的排出压力,称为级间压力,或称为该级的排气压力,也为下一级的吸气压力。

84. 什么叫天然气压缩机组的吸气温度？

压缩机第一级吸入气体的温度,多级压缩机各级的吸入气体温度为该级的吸气温度。

85. 什么叫天然气压缩机组的排气量？

单位时间内压缩机末级排出的气体,换算到第一级吸气状态(压力、温度和压缩因子)或基准状态时的气体体积值即称为压缩机的排气量,常用单位符号为 $10^4 \mathrm{m}^3/\mathrm{d}$。

86. 什么叫天然气压缩机组的压缩比？其含义是什么？

压缩机末级排气接管处压力与第一级进气接管处压力之比,即压缩机的压缩比。其含义是:

(1)压缩比表示活塞从下止点移动到上止点时,气体在气缸内被压缩的程度。

(2)压缩比越大,气体在气缸内受压缩的程度越大,压缩终点气体的压力和温度越高,功率越大,但压缩比太高容易出现爆震。

(3)压缩比是内燃机的一个重要结构参数。由于燃料性质不同,不同类型的压缩机对压缩比有不同的要求。

87. 什么叫整体式天然气压缩机组？

天然气发动机与压缩机共用一根曲轴，呈卧式水平对称布置的橇装结构，用于天然气增压采输和气举的油气生产设备。

88. 什么叫天然气压缩机效率？

压缩机指示功率与轴功率的百分比。

89. 什么叫天然气压缩机燃气发动机效率？

用于驱动压缩机、风机和水泵的轴功率之和与天然气发动机单位时间耗能的百分比。

90. 什么叫分体式压缩机？

压缩机和原动机各有其主轴，用联轴器把压缩机和原动机的主轴联在一起的一种天然气发动机压缩机设备。

91. 什么叫压缩机组效率？

燃气驱动或电驱动压缩机有效输出能量与驱动压缩机消耗能量的比值，用百分数表示。

92. 天然气压缩机发动机发出的有效功率有哪些？

天然气压缩机发动机发出的有效功率主要有输出到压缩机、冷却器、水泵轴功率的有效功率。

93. 燃气发动机压缩机主机主要由哪几部分组成？

燃气发动机压缩机主机由动力部分、机身部分和压缩部分组成。

94. 天然气压缩机按气缸作用型式分为哪几种？

天然气压缩机按气缸作用型式分为以下三种：

（1）单作用天然气压缩机。压缩的动作发生在压缩缸的一端。

（2）双作用天然气压缩机。压缩的动作发生在压缩缸的两端。

（3）级差式天然气压缩机。气缸内一端或两端进行两个或两个以上不同级次的压缩循环。

95. 整体式燃气发动机压缩机的能耗由哪几部分组成？

对整体式燃气压缩机工艺流程分析认为能耗的主体由燃气发动机、压缩机、冷却部分构成。具体能耗主要由燃料气输入总能量、燃气发动机能效、燃气压缩机能效、冷却部分能效、系统能效五个部分组成。

96. 进行天然气组分分析通常采用什么方法？

采用 GB/T 13610《天然气的组成分析　气相色谱法》规定的方法进行分析。

97. SY/T 6567《天然气输送管道系统经济运行规范》规定了湿气管道输送效率和干气管道输送效率，此处的湿气、干气的含义是什么？

干气，在储层中呈气态，采出后一般在地面设备和管线中不析出液烃的天然气。按 C_5 定界法是指每立方米（立方米指 20℃，101.325kPa 状态下的体积，下同）气中 C_{5+} 以上的烃类含量按液态计小于 13.5cm^3 的天然气。

湿气，在地层中呈气态，采出后一般在地面设备的温度压力下有液烃析出的天然气。按 C_5 定界法是指每立方米气中 C_{5+} 以上的烃类含量按液态计大于 13.5cm^3 的天然气。

98. 电力变压器的功率损耗分别指什么？

电力变压器的功率损耗包括铁芯中的铁损 DP_{Fe} 和绕组上的铜损 DP_{Cu} 两部分。铁损的大小与铁芯内磁感应强度的最大值有关，与负载的大小无关，而铜损则与负载大小有关。

99. 变压器有哪些额定值？含义是什么？

（1）额定容量 S_e，指变压器在出厂时铭牌标定的额定电压、额定电流下连续运行时能输送的容量，单位为千伏安（kV·A）。

（2）额定电压 U_e，指变压器长时间运行时所能承受的工作电压（铭牌上的 U_e 值是指调压分接开关在中间分头时的额定电压），单位为千伏（kV）。

（3）额定电流 I_e，指在额定容量 S_e 和允许温升条件下，允许长期通过的工作电流，单位为安培（A）。

（4）短路电压 U_d，也称阻抗电压 U_K，指将变压器的二次绕组短路，一次侧施加电压，至额定电流值时，原边的电压和额定电压 U_e 之比的百分数，即 $U_d = U_d / U_e \times 100\%$。

（5）空载电流 I_0，当变压器在一次侧额定电压下，二次侧绕组空载时，在一次绕组中通过的电流，称空载电流。

（6）空载损耗（铁损）ΔP_0，指变压器二次侧开路，一次侧加额定电压时变压器的损耗。

（7）短路损耗（铜损）ΔP_d，指变压器线圈电阻所引起的损耗。当电流通过线圈电阻发热时，一部分电能就转变为热能而损耗。由于线圈一般都由带绝缘的铜线缠绕而成，因此称为铜损。

（8）电压比：变压器两组线圈圈数分别为 N_1 和 N_2，N_1 为初级，N_2 为次级。在初级线圈上加一交流电压，在次级线圈两端就会产生感应电动势，初级和次级电压的比值称为电压比。

100. 电容的物理性质及其作用是什么？

电容元件是储能元件。当电容的两端存在电压时，电容就会有电荷积累，形成电场。当电容两端的电压变化时，所存储的电荷也随之发生变化，在电路中就会有电荷移动，从而形成电流。当电容两端的电压不变时，其上的电荷也不变，此时虽有电压但没有电流，相当于开路。电容在电力系统中具有提高功率因数的作用。

101. 什么叫谐波?

电力系统中有非线性(时变或时不变)负载时,即使电源都以工频50Hz供电,当工频电压或电流作用于非线性负载时,就会产生不同于工频的其他频率的正弦电压或电流,这些不同于工频频率的正弦电压或电流,用富氏级数展开,就是人们称的电力谐波。

谐波频率是基波频率的整倍数,任何重复的波形都可以分解为含有基波频率和一系列为基波倍数的谐波的正弦波分量,每个谐波都具有不同的频率、幅度与相角。

102. 什么叫节能量?

满足同等需要或达到相同目的的条件下,使能源消费减少的数量。企业节能量的多少是衡量其节能管理成效的一个主要标志,也是考察节能降耗和污染减排的一个主要手段。

103. 什么叫节能率?

节能率是指报告期的节能量与相应的基期可比能源消费量之比率,即报告期的单位产品产量(或产值)能耗比基期的单位产品产量(或产值)能耗降低率。它是反映能源节约程度的综合指标,是衡量节能效果的重要标志。节能率按统计期划分,可分为当年节能率和累计节能率,如要研究一个时期内能源平均节约程度,可计算年平均节能率。

104. 节能量常用的计算方法有哪几种?

节能量指满足同等需要或达到相同目的的条件下,能源消费减少的数量。

常用产品节能量、产值节能量、技术措施节能量进行计算。

(1)产品节能量:用统计报告期产品单位产量能源消耗量与基期产品单位产量能源消耗量的差值和报告期产品产量计算的节能量。

(2)产值节能量:用统计报告期单位产值能源消耗量与基期单位

产值能源消耗量的差值和报告期产值计算的节能量。

（3）技术措施节能量：实施技术措施前后能源消耗变化量。

105. 石油工业技术节能的途径有哪些？

石油工业技术节能的途径主要有：

（1）改造低效用能工艺设备，采用节能型的生产方法、工艺流程和装备。

（2）改进操作，提高技术水平。

（3）大力回收利用放空可燃气体。

（4）能量阶梯利用。

（5）回收利用余能资源。

（6）加强绝热保温，减少热量散失。

106. 能量阶梯利用的基本原则是什么？

能量阶梯利用包括两方面的内容：一是合理用能，即符合"按质用能"的原则，在保证经济性的前提下，尽量缩小供需能级差，以减少耗能过程的不可逆损失；二是充分有效地利用能量，即要符合"能尽其用"的原则，包括采取必要的先进技术，以获取能量的最佳工程效果。能量阶梯利用一般遵循先动力利用后工艺利用，先高温热机做功后低温热机做功，先工业利用高、中温余热后生活利用低温余热。

107. 工业余热分哪几类？

依据载热体形态将余热资源分为三类：

（1）固态载体余热资源，包括固态产品和固态中间产品的余热资源、排渣的余热资源及可燃性固态废料。

（2）液态载体余热资源，包括液态产品和液态中间产品的余热资源、冷凝水和冷却水的余热资源、可燃性废液。

（3）气态载体余热资源，包括烟气的余热资源、放散蒸汽的余热资源及可燃性废气。

108. 工业余热的利用有哪几种途径？

余热利用的原则是从用户需要出发,根据余热数量和品质高低,在符合经济原则的条件下,可采取直接利用和综合利用的方式对余热资源加以利用。

(1)余热的直接利用:预热进入炉窑的空气,干燥加工的材料和部件,生产热水和蒸汽,采暖和制冷。

(2)余热的综合利用:利用高温余热产生蒸汽推动汽轮发电机组发电,以高温余热直接推动涡轮发电机组发电。

109. 什么是热泵的 COP 和 PER？

热泵在供热时,制热量与输入功率的比率定义为热泵的循环性能系数 COP。在相同的工况下,其比值越大说明这个热泵系统的效率越高越节能。

为了比较各种热泵机组的能源利用情况,以一次能源利用率为标准,即单位一次能源所能获得的热量定义为热泵的一次能源利用率,用 PER 表示。

110. 企业能量平衡的目的是什么？

企业进行能量平衡的目的主要有以下几个方面:

(1)掌握企业能耗状况,如能源消耗的数量与构成、分布与流向等。

(2)了解企业用能水平,如能量利用损失情况、设备效率、能源利用率、综合能耗等。

(3)找出企业费能问题,如管理、设备、工艺操作中的能源浪费问题。

(4)查清节能潜力,如何进行余能和重能回收的数量、品种、参数、性质等。

(5)核算企业节能效果,如技术改造、设备更新、工艺改革的经济效益、节能量等。

（6）明确节能方向,如怎样改造成节能结构、节能产品,怎样合理布局和制定技改方案、措施等。

111. 在能量平衡测试中常说的"体系"是指什么?

对于能量平衡的对象,分界面将其从周围物体中分割出来,研究它内部的变化状况和它通过分界面与周围物体之间所发生的能量交换和物质交换。这种被人为地单独分割出来作为能量平衡分析的对象称为"体系"。

112. 企业能量平衡的测试步骤是什么?

（1）选择能量平衡对象。
（2）明确能量平衡体系。
（3）选好基准。
（4）进行能量平衡测试。
（5）整理能量平衡测试数据。
（6）编制能量平衡表。
（7）进行能量平衡计算。
（8）绘制能量平衡图。
（9）能量平衡结果分析。
（10）提出节能规划。

113. 能量平衡计算时的基准是什么?

能量平衡计算时的基准主要有以下几个方面:

（1）基准温度原则上以环境温度（外界空气温度）为基准。若采用其他温度基准时应予以说明。

（2）燃料发热量原则上以燃料应用基（即实际所应用的原燃料）低（位）发热量为基准,若选用高（位）发热量,应对选择的根据予以说明。

（3）燃料用空气原则上采用下列空气组成:

① 按体积（容积）分数:O_2 为 21.0%,N_2 为 79.0%。

② 按质量(定量)分数:O_2 为 23.2%,N_2 为 76.8%。

114. 企业能量平衡计算时,燃料发热量为什么采用低(位)发热量?

低(位)发热量是扣除水汽化潜热所得的发热量。能量平衡计算时,燃料发热量采用低(位)发热量的原因主要有以下几个方面:

(1)我国目前的锅炉和工业炉、窑炉等燃烧设备和能源转换设备大都是按低(位)发热量计算的。

(2)当前各种炉、窑排烟温度均远超过水蒸气的凝结温度,今后一段时间不可能大幅度降低排烟温度。

(3)采用低(位)发热量后,燃料中水分的多少对计算炉子热效率影响较小。

115. 什么是能源审计?

能源审计是审计单位依据国家有关的节能法规和标准,对企业和其他用能单位能源利用的物理过程和财务过程进行的检验、核查和分析评价。

116. 企业能源计量的范围包括哪些?

(1)进出厂的一次能源、二次能源以及含能(或称载能)工质。

(2)自产的二次能源和含能工质及能源生产单位自产自用的一次能源。

(3)企业生产过程中能源和含能工质的分配、加工、转换、储运和消耗。

(4)企业生活和辅助部门所用能源。

(5)企业能量平衡测试工作的需要。

117. 什么是能源计量中的当量换算和等价换算?

(1)当量换算:一种能源转换为另一种能源,在绝热状态下,第二能源所具有的能量等于第一能源的能量,这种换算关系称为当量换算。

（2）等价换算：一种能源转换为另一种能源,在实际工作中,必定要损失一部分能量,然而按等价原则,仍将第二种能源换算为第一种能源所具有的能量,这种换算关系称为等价换算。

118. 什么是水平衡测试？

水平衡测试是对用水单元和用水系统的水量进行系统的测试、统计、分析,得出水量平衡关系的过程。

119. 如何能及时掌握节能相关标准的颁布及更新信息？

可及时登录国家标准化管理委员会(http://www.sac.gov.cn)、石油工业标准化信息网(http://www.petrostd.com)和其他标准查询网(如工标网 http://www.csres.com)查询。

120. 如何及时掌握国家公布淘汰的主要耗能设备？

及时登录工业和信息化部网站(http://www.miit.gov.cn)查询分批公示的高耗能落后机电设备(产品)淘汰目录。

第2章 仪器使用

121. 法定计量单位有哪些？

(1)国际单位制的基本单位。

(2)国际单位制的辅助单位。

(3)国际单位制中具有专门名称的导出单位。

(4)国家选定的非国际单位制单位。

(5)由以上单位构成的组合形式的单位。

(6)由词头和以上单位所构成的十进倍数和分数单位。

122. 国际单位制的基本单位有哪些？

长度(m)、质量(kg)、时间(s)、电流(A)、热力学温度(K)、物质的量(mol)、发光强度(cd)。

123. 什么叫误差？

误差为测量结果减去被测量的真值。测量仪器的示值误差为测量仪器示值与对应输入量的真值之差。由于真值不能确定,实际上用的是"约定真值"代替真值。"约定真值"为对于给定目的具有适当不确定度的、赋予特定量的值,有时该值是约定采用的。一般以指定值、最佳估计值、约定值或参考值作为约定真值。

124. 误差的分类与来源？

测量误差主要分为三大类:系统误差、随机误差、粗大误差。

(1)系统误差。在相同的观测条件下,对某量做一系列观测,如果误差的出现在符号和大小相同或按一定规律变化,这种误差称为系统误差。

(2)偶然误差。在相同的观测条件下,对某量做一系列观测,如果误差的出现在符号和大小均不一致,即从表面上看,没有什么规律性,这种误差称为偶然误差,偶然误差又称为随机误差。

(3)粗大误差。在一定的测量条件下,超出规定条件下预期的误差称为粗大误差。

125. 什么叫不确定度?

不确定度的含义是指由于测量误差的存在,对被测量值的不能肯定的程度。反过来,也表明该结果的可信赖程度,它是测量结果质量的指标。不确定度越小,所述结果与被测量的真值越接近,质量越高,水平越高,其使用价值越高;不确定度越大,测量结果的质量越低,水平越低,其使用价值也越低。

126. 仪表的准确度等级是如何划分的?

一般按国家标准 GB/T 13283《工业过程测量和控制用检测仪表和显示仪表精确度等级》推荐的方法划分,具体为 0.01 级、0.02 级、0.05 级、0.1 级、0.2 级、0.5 级、1.0 级、1.5 级、2.5 级、4.0 级、5.0 级。

127. 仪表准确度为 1.5 级的含义是什么?

是指仪表测量的引用误差小于或等于 ±1.5%。测量的引用误差 =(测量值 − 真实值)/量程×100%。

128. 什么叫量值溯源?

量值溯源是测量结果通过具有适当准确度的中间比较环节,逐级往上追溯至国家计量基准或国家计量标准的过程。量值溯源是量值传递的逆过程,它使被测对象的量值能与国家计量基准或国际计量基准相联系,从而保证量值的准确一致。

129. 如何理解对测量仪器的校准和检定?

校准是在规定条件下,为确定计量仪器或测量系统的示值或实物量具或标准物质所代表的值与相对应的被测量的已知值之间关系的一组操作。

检定是查明和确认计量器具是否符合法定要求的程序,它包括检查、加标记和(或)出具检定证书。

130. 通常说对仪器设备要实行"三色"标识管理,哪"三色"? 实用范围是什么?

"三色"分别为绿色、黄色、红色。

(1)绿色为合格标识。

经计量检定或校准、验证合格,确认其符合检测技术规范规定的使用要求的。

(2)黄色为准用标识。

① 多功能检测设备,某些功能已丧失,但检测工作所用功能正常,且检定校准合格者;

② 测试设备某一量程准确度不合格,但检验工作所用量程合格者;

③ 降等降级后使用的仪器设备。

(3)红色为停用标识。

① 仪器设备损坏者;

② 仪器设备经检定校准不合格者;

③ 仪器设备超过周期未检定校准者;

④ 仪器设备性能无法确定者;

⑤ 不符合检测技术规范规定的使用要求者。

131. 节能监测时如何选择监测仪器仪表?

节能监测选择监测仪器仪表一般应注意以下两方面:

(1)根据监测参数的准确度要求,同时考虑仪器仪表的先进性、可靠性和经济性。

(2)根据监测参数的量值范围、监测方式和现场条件选用,同一参数监测可选用一种或相同准确度的几种仪器仪表并确定优先选用的类型。

132. 超声波流量计的测量原理是什么?

超声波流量计是利用超声波在流体中的传播特性实现流量测量的。超声波在流体中传播时,将载上流体流速的信息,通过接收到的超声波,就可以检测出被测流体的流速,再换算成流量,从而实现测量流量的目的。根据对信号检测的方式,大致可分为传播速度法(分为时差法、相差法和频差法)、多普勒法、相关法、波束偏移法等。

133. 常用测温仪表有哪些?

常用测温仪表主要有接触式温度测量仪表和非接触式温度测量仪表。接触式温度测量仪表主要有玻璃液体温度计、压力式温度计、热电阻温度计、热电偶温度计,非接触式温度测量仪表主要有辐射温度计、比色温度计、光学高温计。

134. 常用压力测量仪表有哪些?

常用压力测量仪表有以下几类:
(1)液柱式压计仪表,主要有 U 形管压力计、单管压力计。
(2)弹性压力仪表,主要有弹簧管压力表、波纹管压力表、薄膜压力表。
(3)电测法压力仪表,主要有应变式、霍尔式、电感式、压电式、压阻式、电容式压力仪表。

135. 常用流量测量仪表有哪些?

常用流量测量仪表有以下几类:
(1)差压流量计。
(2)容积流量计。
(3)涡轮流量计。
(4)电磁流量计。
(5)超声流量计。
(6)涡街流量计。

（7）热质量流量计。

（8）科里奥利流量计。

136. 什么叫测量的准确度?

准确度又称精确度,是测量结果中系统误差与随机误差的综合表示测量结果与真值的一致程度。从误差观点看,准确度反映了各类误差的综合。若测量准确度高,那么测量的精密度也高,正确度也高;但正确度高的,精密度不一定高;精密度高的,正确度也不一定高。

137. 监测仪器准确度的表示方法有哪些?

（1）绝对误差,是指测量结果（仪器显示值）与"真实值"之差。

（2）相对误差,是指仪器显示值的绝对误差与相应实际值的百分比（也称为读数误差）。

（3）引用误差,是指仪器显示值的绝对误差与仪器最大显示值（或称满量程、满度、上限、f. s）的百分比。

138. 什么叫测量仪器的灵敏度?

测量仪器的灵敏度指测量仪器对被测量变化的反应能力。对于给定的被测量值,测量仪器的灵敏度 S 用被测变量的增量与其相应的被测量的增量的比值来表示,见式（2.1）。

$$S = \frac{\Delta L}{\Delta X} \tag{2.1}$$

式中　ΔL——被测变量的增量;

　　ΔX——被测量的增量。

139. 能源计量仪器、仪表主要有哪些?

能源计量仪器、仪表主要是指在节能工作中直接应用的能源计量检测仪表,如流量、秤量、电能计量、热量检测等仪表以及燃烧过程分析仪器和具有明显节能效益的自动控制系统。

140. 便携式监测仪器电池无法充电,如何处理?

便携式监测仪器电池无法充电,主要采取以下处理措施:

(1)检查充电器输出是否正常,如无输出应更换充电器。

(2)检查充电电池是否失效,如失效应更换电池。

(3)检查充电接口是否有松动、虚焊现象。

(4)根据仪器充电接口的工作电压可选择外接电源供电。

141. 使用钳形功率计测试功率时有哪些注意事项?

(1)估测被测电流大小,选择合适的量程;无法估测时,从最大量程开始测量。

(2)被测载流导线应放在钳形口中央。

(3)钳口要闭紧。

(4)测量小电流时,可将被测量载流导体多绕几圈,再进行测量。

(5)测量完毕后一定要把仪表的量程开关置于最大量程位置。

142. 使用三相四线制方法测试功率时,在三相功率严重不平衡时,如何保证相序的接线是正确的?

主要采取以下措施:

(1)检查电流互感器钳的电流方向是否正确一致,电压采样夹测点顺序是否与对应的电流互感器钳一致。

(2)用便携式万用表检测各线电流,对比测试数据。

(3)检查仪器相序自检项,依据电压相位 120°,看接线相序是否正确。

143. 三相电压不对称为什么能影响三相电能表的误差?

因为磁通与电压不是线性关系,当三相电压不对称时,各电压线圈所加电压不相等,其驱动力矩变化的绝对值就各不相同,因而产生附加误差。另外,由于补偿力矩和电压抑制力矩随电压的平方成正比变化的关系,三相电压不对称将引起这些力矩的变化不一致,也是产生附加误差的原因。

144. 相位法和功率法测量功率因数有什么区别?

在无谐波的条件下,相位法和功率法测量功率因数的数值一致;而在电路有谐波的条件下,相位法测量出的功率因数往往大于功率法测量出的功率因数,因谐波不做功,建议在此条件下用功率法测量功率因数。

145. 电流互感器存在电流误差和相位差的原因是什么?

在一个实际的电流互感器中,由于铁心磁阻的存在,在铁心中建立工作磁通时,就必然要有励磁电流,使得实际的电流互感器的工作情况不完全等同于理想的电流互感器,因此便使电流互感器产生电流误差和相位差。

146. 电泵井测输入功率要用什么仪器,需注意哪些事项?

电泵井一般工作电压在 $1 \sim 2.5 kV$,工作电压较高,应使用测量电压大于 $2.5 kV$ 的电力综合测试仪。测试时应注意安全,戴绝缘手套,穿绝缘鞋,地上铺绝缘垫,安装电压钳和电流钳时应平稳操作、轻拿轻放。

147. 电能综合测试仪的准确度表示方法有哪些?

国产仪器一般用引用误差表示测量准确度(如 0.5 级或 ±0.5%),进口仪表一般用读数误差 + 满量程误差来表示准确度(如 ±0.2% rdg. ±0.1% f. s),实际测量时的相对误差应根据测量值进行计算。

148. 输入功率测试时如何选择电压和电流的量程?

测量电压时,一般较稳定,波动范围小,应根据测量电压值选择最接近的量程,测量电流时按电流的最大值选择最接近的量程,如

HIOKI 3169 使用 500A 电流钳量程测量的 50A 电流时的相对误差为 $\pm1.6\%$。

149. 如何调整输入功率测量时的相序？

在测量时,首先检查电压相序,应按顺时针排列,并注意电流钳的方向,并使电流顺序与电压相序相对应。

150. HIOKI 3169 电能综合测试仪为什么不选择无功测量法？原理是什么？

当无功功率计方式关闭(VARMETHOD = OFF)时,功率因数等于有功功率和视在功率的比值。由于计算包括谐波,功率因数将随谐波电流的增加而减少。当无功功率计方式打开(VARMETHOD = ON)时,功率因数等于基波电压和基波电流间相位差的余弦,计算时只考虑基波分量而未考虑谐波分量。由于谐波电流不做功,因此电路存在谐波电流时前一种方法测量出的功率因数更符合实际,当电路中无谐波电流时两种方法测量出的功率因数无区别。

151. HIOKI 3169 电能测试变频器功率因数高,正常吗？

HIOKI 3169 电能测试变频器功率因数高是由于选择的测试方法不对。用 HIOKI 3169 电能测试仪测试变频器时,应关闭"无功计量法"。相位法适用于正弦波电路功率因数测试,变频器输出电压波形不是正弦波,不适应相位法,用功率法更合理,HIOKI 3169 关闭"无功计量法",即选用了功率法测试。

152. 抽油机井输入功率测试时为什么要采用能测量负功的仪器？

负功可能被电网中的其他用电设备利用,不计负功会影响系统效率的真实性,同时电动机运行效率的计算需要用到从电网吸收的真实功率。

153. 电能综合测试仪如何选用后备电源？为什么不能用变频器输出电源给仪器供电？

一是采用具有后备电源的纯正弦波逆变器，也可采用电池组加高精度稳压模块的组合直接向仪器内部供电。

变频器低频运行时，输出电压较高，并且输出波形为合成正弦波，易烧毁仪器。

154. 超声波流量计测泵流量时需注意哪些事项？

（1）超声波流量计的测量点应选择水流分布均匀的管段。

（2）测量点宜选择距上游（水流来的方向）10倍管径长度、距下游（水流去的方向）5倍管径长度的均匀直管段（即上、下游阀门在该长度以外，或水管的拐点在该长度以外）。

（3）直管段的材质要均匀、无疤、裂痕，以利于超声波传输。

（4）直管段的内壁应无水垢。

（5）该直管段要充满水（无论垂直管段还是水平管段）。

（6）流量计周围无电磁干扰。

155. 为什么有时超声波流量计进行流量测量时测不出数据？

超声波流量计进行流量测量时测不出数据的主要原因如下：

（1）传感器未安装好，传感器测量面同管壁之间有气隙，使声波信号受阻。具体原因主要有耦合剂少或者耦合剂涂抹时形成气泡，管壁外表面腐蚀严重，或者是漆层、氧化皮层剥离。

（2）被测液体未满管，或者液体太脏，气泡过多，造成信号衰减严重。

（3）管径、壁厚输入值与实际值相差较远，或被测液体声速设置不对，致使传感器轴向距离位置偏离发射—接收位置。

（4）仪器本身出了故障。用移动传感器之间距离的方法，一般可以检查出是预置数据有误还是仪器本身故障。最可靠的检查方法是使用配套的检验管进行故障检查。

156. KM900 系列和 Testo350 系列烟气分析仪测试的准确度是多少?

KM900 系列和 Testo350 系列烟气分析仪测试的准确度如下:

(1) KM900 系列烟气分析仪:

① 烟气 O_2 含量: ±0.2% ,为引用误差。

② 烟气 CO 含量: ±20ppm < 400ppm, ±5% < 5000ppm, 为相对误差。

③ 排烟温度: ±2.0℃ 加 ±0.3%(读数), 为绝对误差。

(2) Testo350 系列烟气分析仪:

① 烟气 O_2 含量: ±0.2% ,为引用误差。

② 烟气 CO 含量: ±5% ,为相对误差。

③ 排烟温度: ±0.5℃ < 100℃ ,为绝对误差; ±0.5%(读数) > 100℃ ,为相对误差。

157. 烟气分析仪在使用时应注意哪些事项?

(1) 仪器电器如出现故障,维修后需重新标定。

(2) 至少每隔三周充电一次,使用过程中电池电量小于 30% 时应充电。

(3) 烟道气测试孔大于 10mm 存在漏风现象,影响数据准确测试,会使氧气含量测值偏大,空气系数值偏高,应用棉纱缠紧探头堵紧测试孔防止漏风。

(4) 设置关机清洗泵时间(通常为 30s),在清洁空气中先清洗 2 ~ 3min,再按下关机按键,30s 后泵清洗完成,自动关机。

158. 烟气分析仪发生故障如何处理?

(1) 粉尘过滤器发黑。烟气分析仪测试燃煤、燃油加热炉时,粉尘过滤器滤芯易附着煤粉或炭黑而发黑,造成滤芯阻塞,应延长传感器吹扫时间或更换滤芯。

（2）水收集器有水。打开收集器上盖,将液体小心倒出,避免倒到皮肤上或衣服上。

（3）有害气体显示错误。有害气体超量程,对仪器进行 2~3 次重启,使其自清洗;有害气体传感器、氧传感器失效,更换传感器。

159. 烟气分析仪测量烟气组分出现偏差的原因是什么?

有时在仪器正常的情况下,烟气分析仪测量烟气组分出现一定偏差,主要原因如下:

（1）空气漏入探针、管道、脱水器、传感器或仪器内部。

（2）校准时间过短,仪器还未稳定。

（3）仪器放置在寒冷的环境中达不到正常的工作温度。

（4）氧气和一氧化碳等传感器失效。

（5）烟道负压过高,探针或管道堵塞,抽气泵由于污染物不工作或损坏。

160. 烟气分析仪测量烟气成分时测不出数据,应如何处理?

烟气分析仪测量烟气成分时测不出数据,主要采取以下处理措施:

（1）检查抽气管是否与仪器连接正常。

（2）检查抽气管线是否阻塞。

（3）检查测试设备是否处于运行状态。

（4）启用仪器自动诊断功能检查仪器功能是否良好。

161. 烟气分析仪温度数据错误,如何处理?

烟气分析仪温度数据错误,主要采取以下处理措施:

（1）检查温度探头插孔是否松动,若松动须紧固。

（2）检查烟气温度热电偶探针是否折断,若探针折断则需更换探头。

（3）是否超过温度探针测量范围。

162. 使用红外线测温仪测试物体温度时应注意哪些事项?

（1）必须准确确定被测物体的发射率。

（2）避免周围环境高温物体的影响。

（3）要仔细定位热点,发现热点,用红外线测温仪器瞄准目标,然后在目标上做上下扫描运动,直至确定热点。

（4）对于透明材料,环境温度应低于被测物体温度。

（5）使用红外线测温仪时,要注意环境条件:烟雾、蒸汽和尘土等,它们均会阻挡仪器的光学系统而影响精确测温。

（6）测温仪要垂直对准被测物体表面,在任何情况下,角度都不能超过30°,不能应用于光亮的或抛光的金属表面的测温,不能透过玻璃进行测温。

（7）正确选择距离系数,目标直径必须充满视场。

（8）注意环境温度,如果红外线测温仪突然暴露在环境温差为20℃或更高的情况下,允许仪器在20min内调节到新的环境温度。

第3章 现场监测

163. 如何做好原始记录?

做好原始记录应遵守以下要求:

(1)应制定记录管理的程序。

(2)记录应做到客观、准确、清晰、完整、及时和表格化。

(3)如果发现记录有错误,只能"划改",不能涂描,应有划改人、日期等标识;被改的原来数据应清晰可辨。

(4)记录要保持原始性,不得重新抄写。

164. 什么叫数据修约? 常用监测数据如何进行修约?

在进行具体的数字运算前,通过省略原数值的最后若干位数字,调整保留的末位数字,使最后所得到的值最接近原数值的过程称为数值修约。常用监测数据应根据相关标准的数据格式要求按 GB/T 8170 《数值修约规则与极限数值的表示和判定》的规定进行修约。

165. 电参数测试过程中要注意哪些事项?

电参数测试过程中要注意以下事项:

(1)检查仪器有效使用期限。

(2)确定测试对象,有零线的电路,应选择 3P4W 法测试;无零线的电路,选择 3P3M 法测试。

(3)接通仪器电源开机,选择合适的电压、电流量程,设置测试时长。

(4)传感器安装:戴绝缘手套,先夹零线夹,再夹各相电压夹,最后夹电流钳,颜色相同的电压夹、电流钳应安装在同一条线路上。

(5)查看测量瞬时值、检查相序。

(6)开机至测试开始预热时间不少于 10min,确定接线正常后进入测量状态。

（7）到达预设时间，记录电参数平均值，核对数据无误，再进行下一组数据测试。

（8）按作业标准的要求录取数据完毕，关机。

（9）传感器拆卸：先卸电流钳，再卸各相电压夹，最后卸零线夹。

166. 在现场录取三相异步电动机铭牌参数时，其"220V/380V"的含义是什么？

（1）额定电压 220V/380V 的电动机，表示它可在 220V 和 380V 两种电压下工作。

（2）如果电源电压为 380V，电动机定子绕组应接成星形；如果电源电压为 220V，电动机定子绕组应接成三角形。

167. 抽油机平衡度的计算有哪几种方法？

抽油机平衡度的测试方法主要有电流法、功率法和电能法三种。

（1）电流法是抽油机平衡度计算判断的最常用的方法，见式（3.1）

$$\beta = \frac{I_{dmax}}{I_{umax}} \times 100\% \qquad (3.1)$$

式中　β——平衡度，用百分数表示；

I_{dmax}——下冲程最大电流，A；

I_{umax}——上冲程最大电流，A。

（2）功率法是指抽油机下冲程最大功率与上冲程最大功率之比，见式（3.2）：

$$\beta = \frac{P_{dmax}}{P_{umax}} \times 100\% \qquad (3.2)$$

式中　P_{dmax}——下冲程最大功率，kW；

P_{umax}——上冲程最大功率，kW。

（3）电能法是指抽油机下冲程中正向有功电能与上冲程中正向有

功电能之比,见式(3.3):

$$\beta = \frac{E_d}{E_u} \times 100\% \qquad (3.3)$$

式中　E_d——下冲程中正向有功电能,kW·h;

　　　E_u——上冲程中正向有功电能,kW·h。

168. 什么叫油管压力？什么叫套管压力？

油管压力是指井口油管内的压力,简称油压。套管压力是指井口套管和油管环形空间内的压力,简称套压。

169. 什么叫泵挂深度？什么叫动液面深度？什么叫沉没度？三者关系是什么？

泵挂深度是指井口至抽油泵的深度。动液面深度是指油井在正常生产时,井口到油管和套管环形空间的液面深度。沉没度是动液面到抽油泵的深度,沉没度 = 泵挂深度 – 液面深度。

170. 常用机械采油井的产液量是如何测量的？

目前主要采用玻璃管液位计量油,在油气分离器上安装一根与分离器构成连通管的玻璃管液面计。分离器内一定质量的油将水压到玻璃管内,根据玻璃管内水上升的高度与分离器内油量的关系得到分离器内油的质量,由此测得玻璃管内液面上升高度所需要的时间,即可折算出油井的产量。也有采用翻斗计量、计量车、软件量油和新型智能多相流量计等多种计量方式测量产液量。

171. 什么叫定向井？什么叫水平井？什么叫斜直井？什么叫侧钻井？

定向井是使井身沿着预先设计的井斜和方位钻达目的层的井。水平井是指井斜角达到或接近90°,井身沿着水平方向钻进一定长度的井。斜直井是从井口开始井眼轨迹首先是一段斜直井段的定向井。

侧钻井是在原有井眼轨迹(直井、定向井、水平井均可)的基础上,使用特殊的侧钻工具使钻头的钻进轨迹按照预先的设计偏离原井眼轨迹的油井。

172. 什么叫光杆功率？是如何测量的?

光杆功率是抽油机光杆提升井液和克服井下损耗所需的功率。光杆功率是测量抽油机的示功图面积,通过计算得出。

173. 什么叫示功图的减程比？什么叫示功图的力比?

减程比是以悬点位移为横坐标,示功图上冲程与实际冲程之比值。以悬点载荷为纵坐标,示功图上每毫米纵坐标表示的载荷称为力比。

174. 一般的抽油机控制箱由哪几部分组成？如何判断电源的输入端和输出端?

抽油机控制箱一般由空气开关、保护器、接触器和控制电路组成。空气开关的输入端即为电源的输入端,接触器的输出端即为电源的输出端。

175. 机械采油井测试时在安全方面需注意哪些事项?

(1)测试人员应观察并确认周边的安全状况。

(2)查看电动机铭牌上输入电压和电流的额定值,确定其是否符合抽油机综合参数测试仪的测量范围。

(3)用验电器检查抽油机控制柜的外壳,确认外壳不带电后才能继续进行测试工作。

(4)穿戴好劳动保护用品。

(5)在测量其他参数时应远离抽油机的可动部件,如皮带、平衡块和驴头。

176. 机械采油井能量利用率的含义是什么？能量利用率与系统效率有什么区别？

机械采油井能量利用率是指机械采油系统输出能量与输入能量（包括液体携带能量）的比值，以百分数表示。

机械采油井系统效率是以动液面为基准的井口输出有效能量与电动机输入能量的比值，而能量利用率是以抽油泵吸入口为基准的井口输出能量与抽油泵输入能量和电动机输入能量之和的比值。

177. 异步电动机功率因数和运行效率之间有什么关系？

异步电动机大都是感性负荷，一般情况下，功率越小，负荷越轻，功率因数越低，效率也越低，功率相同，极数越多，功率因数也越低。如 Y 系列 8 极 37kW 电动机的功率因数为 0.265 时，效率为 71.8%；功率因数大于 0.66 时，效率可达 90% 以上。

178. 电流法和功率法测抽油机井平衡度有什么区别？

电流法测量平衡度简单易行，应用较广泛，但不一定能反映抽油机真正平衡，功率法测量的平衡度能真实反映抽油机的平衡情况，但需采用具有记录瞬时数据功能的仪器或采用专用的平衡度测量仪器。

179. 如何提高抽油机井平衡度测试的准确性？

可采用功率法测量平衡度，采用专用的平衡度测试仪时仪器可直接给出平衡度数值，采用 HIOKI 3169 测量时，可用 PC 卡记录多个冲次的瞬时功率，通过计算得出平均的平衡度。

180. 机械采油井监测一般要检查哪些项目？

一般要检查：使用电动机是否属淘汰产品，皮带松紧是否合适，抽油机等设备是否定期维护保养，运行是否平稳，密封圈是否存在渗漏及应用节能产品情况。

181. 抽油机井监测时如何划分油田储层类型?

按 SY/T 6285《油气储层评价方法》的规定以单井为单位进行分类。

182. 机械采油系统效率测试需要测试哪些参数?

(1)电参数:输入功率或电流、电压和功率因数。
(2)井口参数:油管压力、套管压力、产液量及含水率。
(3)井下参数:动液面深度、泵挂深度。
(4)光杆参数:光杆载荷和光杆位移。

183. 如何准确装夹液压式载荷传感器?

主要应注意以下几方面:
(1)拉下泄压阀,把柱塞压入缸套。
(2)把抽油机驴头停在下死点。
(3)把载荷传感器塞入工字夹,传感器承载的圆弧部位对准工字夹上压块。
(4)上下移动摆杆,活塞逐渐伸出。
(5)载荷传感器顶起后,保持两个柱塞与光杆基本平行于传感器。
(6)工字夹中间支撑钢套与底板之间有 3mm 左右间隙,钢套能上下移动,表示载荷已加载至传感器上。
(7)插上保险杆,连接信号电缆或打开传感器电源开关。

184. 热力学法测量注水泵效率有什么优势?

热力学法测量泵效率不需要测量泵的流量和功率,简便易行,同时由于注水泵的进出口压差较大,进出口温差也较大,用热力学法具有较高准确度。

185. 注水系统效率为什么要算到井口?

因为流体在管网里流动时,会产生水头损失和水力摩擦损失,给水井注水时,由于注水站和注水井井口具有一定的距离,这段距离会产生一定的能量损失,特别是在注水管线比较长时特别明显,所以在计算注水系统效率时,需要计算到井口。

186. 油田注水地面系统效率测试需要测试哪些参数?

(1)电参数:电动机输入功率或电流、电压和功率因数。

(2)泵站参数:注水泵入口压力、出口压力、流量和泵站出站压力。

(3)注水井参数:注水井井口阀阀前压力、阀后压力和井口流量。

187. 注水系统监测时,如果分水器打回流量较小,如何对流量小的管线进行监测?

注水系统回流量的确定有两种方式:一是直接测量法,二是统计法。直接测试法可下到储水罐旁边的管道沟测试,回流管线在此处上行回到储水罐,因为管线是上行的,探测信号较好,测试比较容易。统计法是通过测试注水泵排量、注水井流量及对照注水报表统计出每天的回流量。

188. 如何计算注水系统管线改造的节电量?

应对改造前后整个注水系统进行测试,求出改造前后注水系统单耗,再进行节电量的计算。注水管线的改造不仅仅是影响管线部分,而且会影响阀组损失的大小,因此不能以管线压力损失减少量和流量计算,只能是放在系统中整体计算。

189. 什么叫泵的比转数?

一系列各种流量、扬程的水泵中,假想一标准水泵(扬程为 1m,流量为 75L/s),此时水泵应该具有的转数即为比转数。

190. 泵机组监测的检查项目有哪些?

电动机和泵是否是淘汰产品,机组运行是否正常;配套计量仪表是否齐全、完好;泵的密封是否良好;仪器设备档案是否完整。

191. 如果所测机泵没有入口压力表,如何测试入口压力?

(1)看所输介质液面和水泵进水口的落差,10m 算 0.1MPa,即为泵的压力。

(2)通过测量泵的流量,查泵的性能曲线,确认泵的扬程,然后根据入口压力 = 出口压力 - 泵的扬程,计算出泵的入口压力。

192. 为什么安装变频器的泵机组的出口阀门要全开?

在不装变频调速装置时,泵的出口排量靠出口阀调节,电动机易过负荷,流量小时,靠关小阀门调节,增加了管道阻力,使部分能量白白消耗在泵出口阀上,安装变频调速器后,可以降低泵的转速,泵的扬程也相应降低,电动机的电耗也相应降低,使原来消耗在泵出口阀上的能量,用变频调速方法得到了解决。如果出口阀未全开,仍存在能量损失,未发挥变频器的全部作用。

193. 燃气加热炉正平衡测试燃料气怎样计量和取样?

用气体流量计来测试,气体燃料的压力和温度应在流量点附近测出,用以实际状态的气体流量换算成标准状态下的气体流量。在燃料器前的管道上开取样孔,接上燃气取样器取样,保温送化验室进行成分分析。

194. 锅炉、加热炉监测时,烟气成分测点选择需注意哪些事项?

(1)测点应尽可能避开有化学反应的位置,且应考虑介质沿截面是否均匀,在水平管道内介质易分层,在转弯处成分易分离,因此烟气测点设在炉膛出口以后的垂直烟道中为最佳,应接近最后一节受热面距离不大于1m 处。

(2)锅炉、加热炉监测时,烟气成分测点应在烟道最窄处,不应在烟道转弯处(或烟道法兰和挡板后)设取样点。

(3)由于烟道气体中可能含有易挥发的有毒物质,一定要在通风良好的地方使用仪器。

195. 泵的轴功率表示什么?

泵的轴功率是考察水泵性能的重要参数,即泵在一定流量和扬程下,原动机单位时间内给予泵轴的功称为轴功率。等于电动机传给泵的功率,可以理解为水泵的输入功率,通常讲的水泵功率就是指轴功率。

196. 如何测试管道内流体进出加热炉的温度?

对于有测试孔的管道,测温点应布置在管道截面上介质温度比较均匀的位置,用分辨率为 0.1℃ 的玻璃管温度计插入测试孔底部,最少 5min 之后读取温度值;对无测试孔的管道,用带表面温度探头的数字温度计在避风位置测试,在管道轴向均匀布置四个测温点,取其算术平均值。

197. 对于间歇输油站点,如何测试加热炉热负荷率?

一般应在加热炉运行的中间时段,并在加热炉运行平稳的状态下进行测试,并以此计算热负荷率。

198. 燃煤加热炉炉渣如何取样?

(1)装有机械除渣设备的加热炉,可在灰渣出口处定期取样(一般每 15min 取一次)。取样数量按 SY/T 6381《加热炉热工测定》的规定执行。

(2)在湿法除渣时,应将灰渣铺开在清洁地面上,待稍干后再称重和取样。

(3)取样时不可有意挑选或避开应取到的灰渣,即要做到所取的灰样,不论其粒度大小,不分其颜色深浅,不管其硬度如何,尽量取得具有充分代表性的样品。

(4)将所取得的砂渣放在干净的厚钢板上,砸碎其中较大的灰块,掺混均匀后堆成一圆锥,摊平后,用铁铲切划十字中心线,使之分成四份,取对角的两份,另一半弃掉。

(5)重复上述(4)的操作。缩分数次,一般缩分到不小于 1kg,分为两份装入容器内,并严密封口,一份送化验室,一份保存备查。

199. 如何得到锅炉表面散热损失?

锅炉表面散热损失的大小与锅炉表面积的大小、表面温度、环境条件、锅炉容量及锅炉负荷有关,可采用热流计法、查表法、计算法得到表面散热损失。

200. 表面温度法测试室外设备及管道散热损失时有什么要求?

主要应注意以下几个方面:

(1)应尽可能排除和减少外界因素对测定的影响,测定应原则上满足一维稳定传热条件,宜在稳定工况运行 12h 以后进行测定,新建工程或修复工程需热态运行 240h 以上进行测定。

(2)应在风速不大于 0.5m/s 的条件下进行测定,如不能满足时应增加挡风装置。

(3)室外测定应选择在阴天或夜间进行,以避免传感器受太阳直接辐射的影响;如不能满足时应加遮阳装置,待稳定一段时间后再测定。

(4)室外测定应避免在雨雪天气条件下进行。

(5)环境温度、风速的测试应在距离测点位置 1m 处测得,并应避免其他热源的影响。

201. 蒸汽锅炉上水是间隙性的,若没有计量装置,如何测试锅炉的上水量?

(1)用超声波流量计进行连续测试,读取一段时间内的累计流量,一般不少于 1h。

(2)蒸汽锅炉上水前端一般都有除氧器罐或冷凝水箱,在测试期间可将除氧器罐或冷凝水箱进水端关闭,记录除氧器罐或冷凝水箱和锅炉的液位,读取一段时间内(一般不少于1h)除氧器罐或冷凝水箱液位的下降高度,且保持锅炉的液位与开始记录时的液位一样,即可得到锅炉的上水量。

202. GB/T 10180《工业锅炉热工性能试验规程》中规定工业炉饱和蒸汽湿度可采用哪些方法测定?

氯根法、钠度计法、电导率法。

203. 天然气压缩机测试期间要求气体流量波动的范围是什么?

测试期间输气流量波动在 ±5% 以内,干线压力波动在 ±5% 以内。

204. ZTY265 – 7½″ × 4″型压缩机组型号的含义是什么?

Z 表示整体式,T 表示天然气,Y 表示压缩机,265 表示制动功率为 265kW,7½″表示一级压缩缸缸径尺寸数(190.5mm),4″表示二级压缩缸缸径尺寸数(101.6mm)。

205. 天然气发动机压缩机监测前应检查什么?

整体式天然气压缩机组配备有必要的在线仪表,如压缩缸各级间压力和温度变送显示仪表、压缩天然气及燃料气流量计计量仪表等,且仪表检定合格,并在有效期内。整体式天然气压缩机组系统的各种运行参数处于稳定状态,如转速、进出口压力、排气流量、动力排温、冷却温度等。

206. 测试天然气发动机压缩机的压缩天然气量布点位置?

(1)单位时间压缩天然气量:宜直接录取现场计量仪表指示的压缩天然气气量。现场没有安装在线计量仪表的用超声波气体流量计进行测量,测量位置应选在进气管线上游直管段上,且直管段长度不少于所测管线的 30 倍管径。

(2)单位时间燃料气消耗量:宜直接录取现场计量仪表指示的燃料气消耗量。现场没有安装在线仪表的用超声波气体流量计进行测量,测量位置应选在进机组燃料气管线上游直管段上,直管段长度不少于所测管线的 30 倍管径。

(3)压缩天然气各级进气温度监测:应选取缓冲罐之后、进压缩缸之前的位置,在压缩缸进口 0.5m 范围内测试。

(4)压缩天然气各级排气温度监测:应选取出压缩缸之后、进缓冲罐之前的位置,在压缩缸出口外 0.5m 范围内测试。

(5)压缩缸各级压力:应直接录取现场仪表指示数据。

(6)动力缸冷却水进、出温度:动力缸排气温度测试位置为距动力缸距离最近的冷却水进、出管线处,有在线仪表宜直接读取仪表指示,没有安装在线仪表的用红外测温仪进行监测。

(7)燃气发动机烟气组分、排烟温度:烟气组分监测采用烟气分析仪,测试位置应选在动力缸排气管汇弯头内侧的背压或温度测试口处,测试孔直径应大于 10mm,测试时应将测试孔密封。

(8)冷却水泵轴功率:宜采用扭矩测试仪直接测试;无法测试时,按照 GB/T 16666《泵类液体输送系统节能监测》的规定,测试冷却水流量、扬程等参数后,计算冷却水泵轴功率。

(9)冷却风机轴功率:宜采用扭矩测试仪直接测试;无法测试时,按照 GB/T 15913《风机机组与管网系统节能监测》的规定,测试冷却气体的温度、风速、进风口横截面积等参数后,计算冷却风机轴功率。

207. 如何判定天然气压缩机组是否运行在平稳状态下?

所监测的燃气压缩机组应运行正常,工况稳定,运行 1h 以上。检查仪表控制盘显示参数稳定,如压缩机转速、压缩缸各级进排气压力、各级进排气温度、排气流量、冷却水温等波动在 ±5% 范围内。

208. 电动机压缩机组监测前应做哪些检查？

（1）压缩机组不得使用国家公布和行业规定的淘汰产品，所配电动机额定效率应满足国家标准规定的能效限定值指标。

（2）配备必要的在线仪表，如压缩缸各级间压力和温度变送显示仪表、压缩天然气计量仪表等，在线能源计量器具应按 GB 17167《用能单位能源计量器具配备和管理通则》、GB/T 20901《石油石化行业能源计量器具配备和管理要求》、Q/SY 1212《能源计量器具配备规范》的规定执行，且经过检定合格，并满足精度要求。

（3）压缩机组应有设备运行记录、检修记录。

（4）供气系统和工艺设备必须运行正常和使用合理。

（5）工艺系统布置合理，不得有明显破损和泄漏。

209. 风机监测前应对哪些项目进行检查？

（1）风机机组运行正常，系统配置合理。检查项目如下：

① 查看风机本体、驱动电动机、连接器等是否完好、清洁，是否是国家明令的淘汰产品。

② 支承部分润滑脂是否正常，各部位轴承温度是否符合温升标准。

③ 平皮带与三角带松紧度是否符合要求，平皮带压轮压力是否符合要求，三角带是否配齐，是否全部工作正常。

（2）管网走向合理，布置应符合基本流体力学原理以减少阻力损失。

（3）系统连接部位无明显泄漏，送、排风系统设计漏损率不超过10%，除尘系统不超过 15%，对管网系统应做如下检查：

① 通过听声、手感、涂肥皂水等办法，判断漏风位置和漏风程度。

② 自身循环的空气调节系统，要检查是否在设计条件下运行。

（4）功率为 50kW 及以上的电动机应配备电流表、电压表和功率表，并应在安全允许的条件下，采取就地无功补偿等节电措施；控制装置完好无损。

(5)配备有监测风机供风量和各级压力仪表,且经过检定合格,并满足准确度要求。

(6)流量经常变化的风机应采取调速运行。

210. 测试风机流量应选择在什么位置?

(1)测点截面应分别选择在距风机进口不少于5倍、出口不少于10倍管径(当量管径)的直管段上。矩形管道以截面长边的倍数计算。如风机无进口管路,出口管路又没有平直长管段时,可在风机进口安装一段直管进行测量。

(2)若动压测量截面与静压测量截面不在同一截面时,动压测量值必须按静压测量截面的条件进行折算。

(3)对于矩形管道,应将测点截面划分为若干相等的小截面,再在每个小截面的中心测量,每一小截面的面积不得大于$0.05m^2$,每个测量截面所划分的小截面不得小于9个。对于圆形管道,可将管道截面划分为若干个等面积的同心环,再分别在圆环与管道水平轴与垂直轴的交点上测量。

211. 如何在风机矩形或圆形进口管道上测量风机的动压和静压?

对于矩形管道,将测量划分为若干相等的小截面,在每个小截面的中心测量,每个小截面的面积不得大于$0.05m^2$,每个测量截面所划分的小截面不得少于9个。对于圆形管道,在管道截面上划分若干个同心圆,分别在圆心和同心圆与管道水平轴、垂直轴的交点上测量。

212. 如何测试风机的全压、静压?

将皮托管插入风机道直管段中,全压就是正对风向的压力,测量时把全压测量管连接到差压计的正压端;静压是垂直于风向的压力,测量时把静压测量管连接到差压计的正压端,测量示意图如图3.1所示。

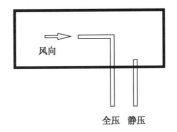

图 3.1　测量风机全压、静压示意图

213. 空气压缩机的节能监测方法和要求有哪些?

（1）监测必须在空气压缩机组及供气系统正常工况下进行,且该工况应具有统计值的代表性。

（2）对稳定负荷的空气压缩机组,以 2h 为一个检测周期,对不稳定负荷的空气压缩机组,以一个或几个负荷变化周期为一个检测周期。

（3）检测周期内,同一工况下的各被测参数应同时进行采样,被测参数应重复采样三次以上,采样间隔时间为 10~20min,以各组读数的平均值作为计算值。

（4）空压机的容积流量检测用流量计法。对水冷式中间冷却器的空压机组亦可按有关规定的热平衡法测定。

（5）测量仪表要求:电量、温度、压力和流量测量应在仪表规定的使用范围内;测量仪表（含在线工作仪表）的准确度应符合规定。仪表应在检定的有效期内。

214. 测试输气管网的土壤温度在什么地方测试?

土壤温度的测点应在埋设管线的中心位置。

215. 供配电系统的有功功率损失及无功功率损失的主要构成是什么?

电能沿输配电线路输送和通过变压器绕组时会产生的有功功率损失包括在输配电线路、变压器的串联电阻和并联电导产生的有功功率损失。

无功功率损失包括在输配电线路电抗上、并联电导上和在变压器的励磁回路、电抗上产生的无功功率损失。

216. 如何测量变压器的短路损耗？

变压器的短路损耗通过变压器的短路试验进行测量。即将变压器的一侧绕组短路从另一侧绕组施加额定频率的交流试验电压，使变压器绕组内的电流为额定值，测定所加电压和功率。现场试验时，考虑到低压侧加电压，因电流大，选择试验设备有困难，所以一般将低压侧绕组短路，从高压侧绕组施加电压。调整电压使高压侧电流达到额定电流值时，记录此时的功率和电压值。

将测得的有功功率换算至额定温度下的数值，称为变压器的短路损耗。所加电压换算至额定温度下的数值称为阻抗电压，通常以占加压绕组额定电压的百分数表示，称为短路电压百分数。

217. 如何测量变压器的空载损耗？

空载损耗主要是指铁芯因交变磁化所引起的磁滞损耗和涡流损耗（总称铁损），其次还有空载附加损耗和空载电流流过绕组时产生的铜（电阻）损耗，后两项所占比重较小，可以忽略。因为铁芯质量差、片间绝缘不良、部分硅钢片短路等原因，会引起空载损耗增加。另外，绕组匝间短路、并联支路间短路、并联支路匝数不等而在绕组中产生的环流损耗也会引起空载损耗增大。

变压器空载损耗通过变压器的空载试验进行测量。即在变压器的任意一侧绕组（一般是低压绕组）施加有正弦波形和额定频率的额定电压，在其他绕组开路的情况下，测量变压器的空载电流和空载损耗。

218. 测试变压器无功补偿柜的测点如何选择？

应该在补偿柜与供电线路连接点前测试，测试点与变压器之间无供电分支线路。

第4章 分析评价

219. 什么是节能技措项目及其经济评价?

节能技措项目是指在已建项目的基础上,以降低能耗为目的,采用新技术、新工艺、新材料、新设备等技术措施,对企业的生产工艺和设备进行技术改造的项目。

节能技措项目的经济评价是指对各种节能技术措施和方案的经济效果进行计算、分析、评价,并从经济角度为项目的取舍和优选提供依据。

220. 节能技措项目经济评价的原则是什么?

(1)以经济效益为衡量标准,综合考虑社会效益。

(2)以定量分析为主,定性分析为辅。

(3)以价值量分析为主,兼顾实物量指标。

(4)以增量分析为主,兼顾总量分析。

(5)动态分析与静态分析相结合,根据实际需要合理选择评价指标。

(6)保持费用与效益计算口径相一致。

221. 节能技措项目评价包括哪些步骤?

(1)计算项目的投入,包括估算项目的投资及估算项目的成本费用。

(2)计算项目的产出,主要是估算项目的收入和项目的节约额。

(3)计算评价指标。

(4)根据计算结果判断项目的经济可行性。

(5)根据方案评价,优选项目。

222. 如何计算有功节电率、无功节电率、综合节电率？

（1）有功节电率按式（4.1）计算：

$$\xi_y = \frac{W_1 - W_2}{W_1} \times 100\% \qquad (4.1)$$

式中　ξ_y——有功节电率；

　　　W_1——实施技术措施前产品单位产量有功耗电量；

　　　W_2——实施技术措施后产品单位产量有功耗电量。

（2）无功节电率按式（4.2）计算：

$$\xi_w = \frac{Q_1 - Q_2}{Q_1} \times 100\% \qquad (4.2)$$

式中　ξ_w——无功节电率；

　　　Q_1——实施技术措施前产品单位产量无功耗电量；

　　　Q_2——实施技术措施后产品单位产量无功耗电量。

（3）综合节电率按式（4.3）计算：

$$\xi = \frac{W_1 - W_2 + K_Q(Q_1 - Q_2)}{W_1 + K_Q Q_1} \times 100\% \qquad (4.3)$$

式中　ξ——综合节电率；

　　　K_Q——无功功率经济当量，kW/kvar，按有关规定选取。

223. 什么叫无功功率经济当量？如何取值？

为了计算设备的无功损耗在电力系统中引起的有功损耗增加量，引入一个换算系数，即无功功率经济当量。无功功率经济当量是表示电力系统多发送1kvar的无功功率时，将使电力系统增加的有功功率损耗千瓦数，其符号为K_Q。K_Q值与电力系统的容量、结构及计算点的具体位置等多种因素有关，可采用计算法和查表法。当采用查表法时，相关标准取值要求如下：

（1）GB/T 13462《电力变压器经济运行》中K_Q取值规定：

① 发电厂母线直配，$K_Q = 0.04\text{kW/kvar}$；

② 二次变压，$K_Q = 0.07\text{kW/kvar}$；

③ 三次变压，$K_Q = 0.10\text{kW/kvar}$；

④ 当功率因数已补偿到 0.9 以上时，$K_Q = 0.04\text{kW/kvar}$。

（2）GB/T 12497《三相异步电动机经济运行》中 K_Q 取值规定：

① 当电动机直连发电机母线或直连以进行无功补偿的母线时，K_Q 取 $0.02 \sim 0.04\text{kW/kvar}$；

② 二次变压，K_Q 取 $0.05 \sim 0.07\text{kW/kvar}$；

③ 三次变压，K_Q 取 $0.08 \sim 0.10\text{kW/kvar}$。

（3）SY/T 6422《石油企业节能产品节能效果测定》规定机械采油系统节能产品 K_Q 宜取 0.03kW/kvar。

224. 如何获得电动机的运行效率？

（1）查表法。用被测电动机的特性曲线查表。

（2）现场测试法。用 GB/T 12497《三相异步电动机经济运行》给出的方法计算。

（3）实验室测试法。用 GB/T 1032《三相异步电动机试验方法》给出的方法计算。

225. 造成电动机过载的原因是什么？

（1）负载过重。

（2）电源电压过高或过低。

（3）电动机长期严重受潮或有腐蚀性气体侵蚀，绝缘电阻下降。

（4）轴承缺油、干磨或转子机械不同心，导致电动机转子扫膛，使电动机电流超过额定值。

（5）机构传动部分发生故障，致使电动机过载而烧坏电动机绕组。

（6）选型不当，启动时间长。

226. 部分电动机空载功率、额定效率查不到，如何取值？

可通过以下方式取得相关数据：

（1）常用电动机可查相关的产品标准。

（2）特殊电动机可向生产厂商索要企业标准或相关技术数据。

（3）如条件允许,可通过空载试验、台架试验获取。

227. 提高功率因数的方法有哪些?

（1）提高用电负荷自身的功率因数。一种方法是提高用电负荷的负载率;另一种方法是采用具有较高功率因数的电动机和变压器。

（2）人工补偿法。采用电力电容器进行无功补偿。

228. 抽油机井监测指标的评价应注意什么?

（1）评价条件。抽油机井应正常运行,无故障,一般动液面深度应大于100m。

（2）抽油机井系统效率一般不应大于55%。

229. 为什么抽油机井电动机功率因数普遍较低?

由于抽油机井电动机装机功率大于实际运行功率,并且抽油机井属于周期变动负载,一般测量的功率因数为平均功率因数。

230. 平衡度对抽油机井系统效率影响有多大?

一般抽油机不平衡可使系统效率下降1% ~4% ,一般过平衡影响较大,欠平衡影响较小。

231. 为什么普通高效率电动机在抽油机井上不一定节能?

因抽油机属变动负载,且负载率普遍较低,普通高效率电动机一般负载率在0.75以上效率最高,效率随负载率下降而降低。

232. 抽油机井、螺杆泵井、电潜泵井举升分别有哪些特点?

抽油机井的特点是设备简单,性能可靠,使用寿命长,便于管理;

但仅适用于浅井、中深井,并且能耗较高。螺杆泵井的特点是结构简单、体积小,维护方便,泵效高,排量大,节能效果较好,缺点是容易损坏,杆断脱率较高,井下工作量大。电潜泵井的特点是排量大,操作简单,管理方便,适应于斜井与水平井;主要缺点是下入深度受电动机功率、油套管直径的限制,电动机、电缆易出现故障,日常维护要求高。

233. 对机械采油井评价时,从哪些方面提出改进措施?

主要从提高地面效率和井下效率两个方面分析,地面效率主要包括电动机效率、传动效率和四连杆效率,井下效率主要包括密封盒效率、抽油杆效率、抽油泵效率和油管柱效率。进行评价时主要从减小以下几方面的功率损失提出改进措施:(1)电动机损失;(2)皮带损失;(3)减速箱损失;(4)四连杆机构功率损失;(5)密封盒功率损失;(6)抽油杆功率损失;(7)抽油泵功率损失。

234. 机采系统吨液百米有功、无功耗电量有无具体评价指标?

SY/T 5264《油田生产系统能耗测试和计算方法》中的机采系统吨液百米有功、无功耗电量在 SY/T 6275《油田生产系统节能监测规范》中无具体评价指标,建议建立机采系统吨液百米有功、无功耗电量标杆,与之相比进行评价。

235. 为什么星—三角变换能节电?

当电动机处于轻载运行时,其效率和功率因数都较低,此时若适当调节电动机定子的端电压,使之与电动机的负载率合理匹配,这样就降低了电动机的励磁电流,从而降低电动机的铁损和从电网吸收的无功功率,可以提高电动机的运行效率和功率因数。将电动机的定子接线方式三角型改为星型时,电动机端电压降低为原来的 $1/\sqrt{3}$ 倍,电动机铁损也降为原来的 1/3(因电动机的铁损与端电压的平方成正比），同时电动机的电流也随之下降，因铜损与电流的平方成正比，所以铜损也随之下降，达到了节能的目的。

236. 机械采油井百米吨液单耗为什么要用扬程计算？

同一机械采油系统，在日产液、含水率、原油密度等生产动态参数及冲程、冲次、泵径抽汲参数一致的情况下，油压、套压、动液面深度的变化对拖动电动机的输入功率都会产生影响，因此百米吨液单耗要用扬程而不能只用动液面深度。

237. 一般抽油机井采用哪些节能技术措施？

机械采油系统节能技术措施主要有：
（1）高效抽油机、电动机、控制箱、抽油泵及抽汲参数优化。
（2）电泵井、螺杆泵井、抽油机井变频器的应用。
（3）抽油机减震器、皮带张紧器、齿轮油添加剂的使用等节能产品。

238. 目前机械采油井应用的节能电动机有哪些种类？各有什么特点？

目前机械采油井应用的节能电动机有稀土永磁电动机、多功率电动机、低转速电动机、高转差电动机，各种电动机的特点如下：

（1）稀土永磁电动机：不变损耗小，可变损耗变化比异步电动机可变损耗变化慢，使其效率特性有高而平的特点，这一特点使稀土永磁同步电动机的节能效果明显。

（2）多功率电动机：通过改变定子绕组线圈之间的组合，降低了磁面密度，使空载电流和铁损减小，使电动机在低功率运行时，也有较高的效率和功率因数，电动机与智能判断控制配合，根据抽油机实际需要使电动机始终处于最佳节电状态运行。

（3）低转速电动机：对于低渗透机采井或稠油井，在抽油机设计最低冲次情况下，机采系统效率仍然低下时，可采油低转速电动机进一步降低冲次,减少系统耗电量,有效提高机采系统效率。

(4)高转差电动机:实际转速比同步转速小得多,增加了扭矩,可降低装机功率,当减速箱拖动电动机运行时,只要转速不大于同步转速时就不会出现负功,同时具有较宽范围的高效区,能有效提高机采系统运行效率。

239. 目前螺杆泵井应用的节能技术措施有哪几类?

螺杆泵比抽油机的产液单耗低,具有明显的节能优势,但早期的螺杆泵应具有一定的节能潜力,目前主要采用以下技术措施:

(1)交流永磁地面直驱。螺杆泵地面驱动部分消耗了较大比例的能量,螺杆泵交流永磁地面直驱装置采用变频器驱动永磁电动机,取消了减速器,减少了地面传动损耗,具有较好的节能效果。

(2)潜油直驱螺杆泵。潜油直驱螺杆泵采油技术利用动力电缆将电力传送给井下潜油电动机,电动机通过柔性联轴器直接驱动螺杆泵转子转动,井液经过螺杆泵增压后,被举升到地面,潜油直驱螺杆泵将有杆采油工艺变为无杆采油,消除了抽油杆与油管之间的磨损,进一步减少了采液单耗。

240. 间抽井的节能效果如何计算?

抽油机由 24h 连续作业变为间歇作业,缩短了抽油机运行时间,减少了电能消耗。间抽井节能效果不能用百米吨液单耗计算节能量,应在不影响产液量的前提下,按改造前后的日耗电量进行对比计算。

241. 如何测试和计算超低渗透油田机械采油井地面效率和系统效率?

超低渗透油田机械采油井具有间歇出液的特点,系统效率测试时,电功率采集时间不应少于 15min,以不间断采集的有功功率平均值及日产液量计算系统效率比较准确,地面效率因选取的功图光杆功率变化而变化,宜采用相同间隔时间、多组功图光杆功率的平均值计算地面效率。

242. 如何评价离心泵和往复泵组合构成的注水系统的系统效率?

注水系统单位时间内注入到各注水井的水所具有的能量与注水系统所输入的能量之比称为注水系统的系统效率。根据注水系统效率定义当有离心泵和往复泵组合构成的注水系统时,注水系统输入能量为离心泵和往复泵输入能量之和。

243. 注聚泵系统效率计算需注意哪些问题?

(1)了解注聚系统工艺流程。
(2)划分注聚系统边界。
(3)母液的密度、流量、压力。
(4)稀释液的密度、流量、压力。
(5)井口处液体的密度、流量、压力。

244. 泵机组电动机负载率如何评价?

石油行业标准对泵机组电动机负载率无评价指标,应采用 GB/T 16666《泵类及液体输送系统节能监测方法》规定的方法进行测试评价。

245. 离心泵的能量损失主要有哪些?

离心泵的能量损失主要有以下三个方面:

(1)机械损失。轴在轴承上旋转时会产生摩擦阻力损失;轴与密封填料间存在摩擦阻力损失;叶轮两侧的盖板与液体之间形成摩擦阻力损失,最后一项损失是三项损失中最大的一项。

(2)容积损失。旋转部件与固定部件间存在间隙及间隙两侧的压差是引起泄漏造成容积损失的主要原因之一;压力较高一侧的流体经平衡孔或平衡盘漏向压力较低一侧是造成容积损失的另一个主要原因;由于泄漏的流体在泵内循环,虽消耗了能量却没有向外输出,形成了容积损失。

（3）水力损失。因为液体经离心泵的吸入室、叶轮叶道、导流器和蜗壳时,由于流向和截面的变化不但有摩擦阻力损失还有局部阻力损失;液体在进入叶轮时形成的撞击角造成了撞击损失。

246. 离心泵水力损失主要有哪几种？

离心泵的水力损失有以下三种:

（1）冲击损失。泵在设计流量工况下工作时,液流不发生与叶片及泵壳的冲击,这时效率较高。但当流量偏离设计工况时,其液流方向就要与叶片方向及泵壳流道方向发生偏离,产生冲击。这种损失与流速或流量的平方成正比。

（2）旋涡损失。在泵里,过流截面积是很复杂的空间截面,液体从这里通过时,流速大小和方向都要不断地发生变化,因而不可避免地会产生旋涡损失。另外,过流表面存在着尖角、毛刺、死角区时也会增大旋涡损失。

（3）流动摩擦阻力损失。由于液体具有黏性及泵内过流表面粗糙,所以液体在流动时产生摩擦阻力损失。

247. 离心泵的转速分别与流量、扬程和轴功率存在什么关系？

同一台离心泵的流量、扬程和轴功率分别与转速的一次方、二次方、三次方成正比,见式（4.4）、式（4.5）和式（4.6）:

$$\frac{Q_1}{Q_2} = \frac{n_1}{n_2} \tag{4.4}$$

$$\frac{H_1}{H_2} = \left(\frac{n_1}{n_2}\right)^2 \tag{4.5}$$

$$\frac{N_1}{N_2} = \left(\frac{n_1}{n_2}\right)^3 \tag{4.6}$$

式中　n_1,n_2——泵转速；

　　　Q_1,Q_2——对应于 n_1 和 n_2 时泵的流量；

　　　H_1,H_2——对应于 n_1 和 n_2 时泵的流量；

　　　N_1,N_2——对应于 n_1 和 n_2 时泵的流量。

248. 输油泵机组一般采用哪些节能技术措施?

(1)安装变频器,减小节流损失或回流损失。

(2)安装高效螺杆泵,配套变频器。

(3)在条件合适的情况下,采用间断输油。

249. 测量变频器功率因数时,采用相位法和功率法哪个更合理?

相位法适用于正弦波电路功率因数测试,变频器输出电压波形是矩形波,用功率法更合理。

250. 为什么使用变频器的离心泵机组在低频运行时机组效率会下降?

离心泵机组在变频器低频驱动状态下,受调节频率影响,泵的转速、排量及出口压力比工频时低,降低了泵的轴功率,避免了节能流损失,由于离心泵的效率与转速成正比,随着泵转速降低泵机组的效率也会下降。同时,由于随离心泵的轴功率下降,驱动电动机输入功率随之下降,变频驱动状态下的单位输液量电耗比工频时低,起到了节能效果。

251. 国家标准对工业锅炉最低热效率的要求是多少?

GB/T 17954《工业锅炉经济运行》规定的工业锅炉运行热效率(%)指标见表4.1:

表4.1　工业锅炉运行热效率①指标　　　　%

锅炉额定蒸量 D_e,t/h 或 额定热功率 Q_e,MW	运行热效率 η 等级	层煤② 烟煤 I类	II类	III类	贫煤	无烟煤 I类	II类	III类	褐煤	流化床燃烧 低质煤③	烟煤 I类	II类	III类	贫煤	褐煤	室燃 重油	轻柴油、气④
1～2 或 0.7～1.4	一等	73	76	78	75	70	76	72	74		73	76	78	75	76	87	89
	二等	70	74	76	72	65	73	68	72		70	73	75	72	73	86	88
	三等	67	72	74	69	62	70	64	70		67	70	72	69	70	85	87
2.1～8 或 1.5～5.6	一等	75	78	80	76	71	70	75	74		80	81	82	80	81	88	90
	二等	72	76	78	73	68	66	72	72		79	80	78	79	79	87	89
	三等	70	74	76	71	65	63	69	70		74	77	78	76	77	86	88
8.1～20 或 5.7～14	一等	76	79	81	78	74	73	77	76		79	82	83	81	82	89	91
	二等	74	77	79	74	71	69	74	74		78	80	81	79	80	88	90
	三等	72	75	77	72	68	66	72	72		75	78	79	77	78	87	89
>20 或 >14	一等	78	81	83	80	77	75	80	81		80	83	84	82	83	90	92
	二等	76	78	80	77	74	71	77	75		78	81	82	80	81	89	91
	三等	74	76	78	74	71	68	75	73		76	78	80	78	79	88	90

　　① 本表中所列为锅炉在额定负荷下运行时的热效率值，非额定负荷下运行时的热效率值可近似取为本表中数值与负荷率的乘积，即 $\eta = \eta_e(D/D_e)$ 或 $\eta = \eta_e(Q/Q_e)$。

　　② 对抛煤机锅炉，其运行热效率比同等容量层燃锅炉高一个百分点。

　　③ 指收到基灰分 $A_{ar} \approx 50\%$，收到基低位发热量 $Q_{net.v.ar} \leqslant 14.4MJ/kg$ 或折算灰分 $A_{ar.zs} \geqslant 36g/MJ$ 的煤。

　　④ 对燃用高炉煤气的工业锅炉，其运行热效率比本表中燃用轻柴油、气锅炉的热效率值低三个百分点。

252. 导热油炉无评价标准,如何评价?

可采用 SY/T 6837《油气输送管道系统节能监测规范》中的要求进行评价。

253. 锅炉过剩空气系数、排烟热损失、气体未完全燃烧热损失的简化计算方法是什么?

(1)过剩空气系数简化计算方法见式(4.7):

$$\alpha = \frac{0.21}{0.21 - V_{O_2}} \tag{4.7}$$

式中 α——锅炉过剩空气系数;

V_{O_2}——锅炉排烟处烟气氧含量(体积分数),用百分数表示。

(2)排烟热损失计算方法见式(4.8):

$$q_2 = (m + n\alpha)\left(1 - \frac{q_4}{1}\right)\frac{t_{py} - t_{lk}}{100} \tag{4.8}$$

式中 q_2——排烟热损失,用百分数表示;

q_4——固体未完全燃烧热损失,用百分数表示;

t_{py}——排烟温度,℃;

t_{lk}——入炉冷空气温度,℃;

m,n——计算系数,按表4.2选取。

表 4.2 计算系数 m 和 n 的取值

燃料种类	褐煤	烟煤	无烟煤	油、气
m	0.6	0.4	0.3	0.5
n	3.8	3.6	3.5	3.45

(3)气体未完全燃烧热损失计算方法见式(4.9):

$$q_3 = 3.2\alpha V_{CO} \tag{4.9}$$

式中　q_3——气体未完全燃烧热损失,用百分数表示;

　　　　V_{CO}——锅炉排烟处烟气一氧化碳含量,用百分数表示。

254. 热效率计算中有效能量、损失能量和供给能量的含义是什么?

(1)有效能量是指按国家标准规定达到工艺要求时,理论上必须消耗的能量。

(2)损失能量是指在本体系供给能量中未被利用的部分。

(3)供给能量是指由外界供给体系的能量,包括燃料燃烧、外界供给体系的电、功、热、载能体带入体系的能量,化学反应放热等,不包括工质或物料本身所耗掉的能量,以便于直接考察外界提供给体系的能量的有效利用程度。

255. 锅炉热损失主要有哪些?

无论什么类型的锅炉,其热损失主要由下列各项组成:

(1)排烟热损失 q_2。

(2)化学未完全燃烧热损失 q_3。

(3)固体未完全燃烧热损失 q_4。

(4)散热损失 q_5。

(5)灰渣物理热损失 q_6。

各种锅炉燃用的燃料不同,燃烧方式和排渣方式不同,上述各项热损失所占的比例也不一样。例如,燃油燃气锅炉,因油、气中的灰分很少,其灰渣物理热损失 q_6 通常忽略不计。

256. 过剩空气系数过高有什么害处?

过剩空气系数过高,冷空气则大量进入炉膛,既降低炉膛温度,影响完全燃烧,又使排烟量大大增加,排烟损失也随之大增。

257. 最佳过剩空气系数参考值是多少?

对于火室燃烧方式,负荷率为 70% ～ 100%,其过剩空气系数按所用燃料种类分别为:固体燃料是 1. 15 ~ 1. 25,重油是 1. 05 ~ 1. 15,气体燃料是 1. 1 ~ 1. 2。

对于火床燃烧方式,负荷为 70% ~ 100% ,过剩空气系数为 1. 3 ~ 1. 5。

对于蒸发量小于或等于 4t/ h 的锅炉,负荷为 70% ~ 100% ,通常只在锅炉尾部出口处(即引风机前的烟道)测定过剩空气系数,其值规定在 1. 5 ~ 1. 8。上述数值不包括用无烟煤的火床燃烧锅炉。

258. 如何提高锅炉热效率?

(1)减少燃烧损失。适当控制空气系数,提高燃烧效率,减少不完全燃烧损失。

(2)适当限制炉膛受热面(水冷壁),以免炉膛冷表面过多而使炉温降低;要有足够的炉膛容积和炉膛高度。

(3)减少漏风,降低排烟温度。炉膛漏风会降低炉膛温度,增加排烟损失。

(4)加强保温,减少散热损失等均可提高锅炉热效率。

259. 煤中的碳、氢、硫完全燃烧或不完全燃烧时的生成物各是什么?

(1)如果供给足够的氧,碳、氢、硫将发生完全燃烧,分别生成二氧化碳、水蒸气和二氧化硫气体。

(2)如果供给的氧不足以使燃料完全燃烧,只有部分氢和硫燃烧生成水蒸气和二氧化硫气体,其余的将原样不变地排走,碳将燃烧生成一氧化碳而不是二氧化碳。

260. 排烟热损失与什么有关?

影响排烟热损失的因素主要是排烟温度和排烟容积。

由于技术经济条件的限制,烟气离开锅炉排入大气时,烟气温度比冷空气温度要高很多,排烟所带走的热量损失是锅炉热损失中较大的一项。

排烟温度越高,排烟热损失越大。为降低排烟温度,锅炉应视具体情况安装省煤器和空气预热器,降低排烟热损失。锅炉运行和保养时应及时吹灰和除垢,能有效提高锅炉辐射和对流传热效率,降低排烟温度。

影响排烟容积大小的因素有燃料特性、燃烧方式、燃烧器性能、系统漏入冷空气量等。过量空气系数偏低时,不能保证完全燃烧;过量空气系数偏大时,不参与燃烧的大量冷空气进入炉内吸热,并随烟气排入大气而带走热量,使热损失增大。

261. 气体未完全燃烧损失与什么有关?

锅炉内由于一部分可燃气体未能燃烧放热,随烟气排出造成热量损失。其在锅炉各项热损失中所占的比例较小,但可燃气体含量较高时会给锅炉的运行带来安全隐患。

影响气体未完全燃烧热损失的主要因素有:

(1)空气不足,产生大量的一氧化碳等可燃气体(即冒黑烟)。

(2)空气与可燃气体混合不充分。

(3)炉膛内温度过低。

(4)炉排上煤层太厚。

(5)炉膛容积过小,可燃气体来不及燃尽即进入低温烟道。

262. 固体未完全燃烧损失与什么有关?

固体未完全燃烧热损失的大小主要与锅炉结构、燃料品质、燃烧方式和运行操作技术等有关。

(1)燃料性质:灰分、水分越大,挥发分越小,固体未完全燃烧热损失越大。

(2)炉膛结构:炉膛结构决定了煤在炉内停留的时间和风混合的质量,从而影响到固体未完全燃烧热损失。

(3)锅炉负荷:锅炉负荷过高时,单位时间送入炉内的煤量和空气量都增加,煤停留时间缩短,使固体未完全燃烧热损失增大;锅炉负荷较低时,炉膛温度降低,燃烧反应速度减小,使固体未完全燃烧热损失增大。

（4）过量空气系数 α：当 α 较小时，随着 α 的增大，固体未完全燃烧热损失不断减小；当 α 较大时，随着 α 的增大，炉膛温度降低，固体未完全燃烧热损失会逐渐增加。

（5）煤颗粒度：颗粒大小影响固体未完全燃烧热损失的大小。

263. 造成燃料不完全燃烧的主要原因是什么？

（1）氧气（空气）供给不足，即过剩空气系数小于1。

（2）氧气分子与可燃物分子没有完全在燃烧室（炉膛）范围内混合、接触。

（3）燃烧室（或炉膛）内局部温度过低，使燃烧反应不能继续进行。

264. 烟气冷凝余热利用的节能潜力有多少？

以天然气为燃料的锅炉，排放的烟气具有相当高的温度（150～250℃），其内含有水蒸气约19%（体积分数），是烟气热量的主要携带者。烟气冷凝余热利用技术在烟道内增加了回收烟气中水蒸气汽化潜热的凝结换热器。当燃用天然气时，热效率可提高8%～12%。

265. 对燃烧器的技术要求主要有哪几个方面？

（1）燃烧比较完全。

（2）燃烧稳定，当燃气压力和热值在正常范围内波动时，不发生回火和脱火现象。

（3）燃烧效率高。

（4）在额定压力下，燃烧器能达到所要求的热负荷。

（5）结构紧，金属消耗少，调节方便，工作无噪声。

266. 不合格水质对锅炉的危害有哪些？

锅炉水质不良会使受热面结垢，大大降低锅炉传热效率，使受热面金属过热损坏，如鼓包、爆管等，这是影响锅炉安全、经济运行的重要因素之一。另外还会产生金属腐蚀,减少锅炉寿命。汽水共腾时,产生蒸气中的含盐量急剧增加,这些被带出的盐分在用汽设备中发生沉积,影响传热,损坏设备。

267. 影响压缩机效率的影响因素有哪些?

(1)压缩机的不正常漏气。

(2)冷却系统对效率的影响。

(3)润滑系统对效率的影响。

(4)压缩机气缸余隙容积对气缸的影响。

(5)积炭的影响。

268. 造成压缩机的不正常漏气的原因有哪些?

(1)天然气的泄漏主要发生在压缩机内有相对运动的构件接合部位上。

(2)气缸和活塞环、活塞杆和填料环,由于相对运动的存在,有时因磨损过度,有时因磨损不均,都将使接合部出现很小的缝隙,被压缩的天然气将由于压力高而自此外泄。

(3)阀片、阀座、限制器的质量不好。

(4)天然气不干净,含有焦油、灰尘等物,它们的存在不仅磨损阀片、阀座,焦渣的存在还会造成吸排气阀关闭不严,造成不正常漏气。

269. 为什么冷却效果不好会影响压缩机效率?

(1)天然气压缩机在运行中由于活塞与气缸的摩擦产生热量,使汽缸壁、活塞等温度升高,温度升高对压缩天然气的效率将产生很大影响,同时使润滑油劣变,影响压缩机效率。

(2)如果缸壁温度高,当压缩机吸入温度较低的天然气时相对冷的天然气必然吸收周围的汽缸壁热量随之而膨胀,气体膨胀,必然占有一部分汽缸容积,相当于进气温度越高,其吸入的量越少,影响压缩机效率。

270. 为什么润滑不良会造成压缩机的效率低？

高温是天然气压缩机的一大特点。在高温下润滑油的黏度将会急剧下降，而且氧化速度显著加快，同时产生溶解于油的液态氧化物和不溶于油的氧化物溶渣。空气温度越高，氧化过程则越快。固体物的存在，导致相对运行部件的磨损，造成被压缩天然气泄漏，影响压缩机效率。

271. 气缸余隙存在对压缩机的效率会造成什么样的影响？

布置气阀时，气阀至气缸形成的余隙容积难以避免，但余隙容积的存在，对排气量是不利的，使部分压缩气体排不出去，影响压缩机效率。

272. 压缩机气缸内积炭对压缩机效率的影响是什么？

（1）当积炭黏附在阀座、阀片上时，将使气阀密封不严，吸气时将刚排出的高温气体吸入气缸，使排气温度升高，阀片、气阀弹簧在高温作用下加速膨胀变形。在快速吸排气时，将猛烈撞击阀座，使阀片、气阀弹簧、阀座的磨损加剧，降低这些零件的使用寿命，减少机组出气，影响压缩机效率。

（2）当积炭存在于活塞环、活塞体工作面上时，可导致活塞在气缸内卡死，造成事故。

273. 提高压缩机效率的途径和主要措施是什么？

（1）减少相对运动部件之间的漏气，应按照使用说明和管理规定进行小、中、大修，即到期必修。

（2）解决冷却系统对压缩机效率影响的措施：

① 降低冷却水温度；

② 定期清洗水道、冷却器的冷却芯及油冷芯，清除其水垢；

③ 严格控制冷却水质，必须使其进行净化处理。

（3）解决润滑系统对压缩机效率影响的措施，定期清洗油池、油管、油过滤器及注油器等,保证油路畅通,油压油温应符合规定,并定期检查油质,及时更换润滑油。

(4)调整余隙容积,保证压缩机效率,在保证气量满足工况的前提下,尽量降低余隙容积。

(5)防止压缩机气缸积炭的产生。

① 确保各级缸的进气温度在规定的吸入温度以下;

② 选择和使用合适的气缸润滑油品种;

③ 加强用油量的管理;

④ 保养清洁,加强天然气的净化除尘;

⑤ 定期维护活塞组件和气阀,避免串气串油。

(6)降低进排气系统的阻力,工艺气管路在配套过程中,应该尽量使气路简捷,减少弯头等压降大的部分,降低气体在管路内的阻力损失。

(7)合理选择级数和压比,加强气缸冷却,减少传热损失。

(8)降低摩擦损失(提高制造、装配质量,良好润滑)。

274. 影响天然气发动机效率的因素有哪些?

(1)过量空气系数。

(2)混合气的分配。

(3)转速和负荷。

(4)燃气注气时间。

(5)点火提前角。

(6)积炭现象。

275. 为什么天然气发动机混合气的分配对燃料效果会产生影响?

混合气的分配是对于多个动力缸参与的燃烧过程,各缸内混合气分配的均匀性会直接影响燃料燃烧效率和燃料消耗率。因此,提高各缸内混合气分配的均匀性对于降低燃料消耗率、提高燃烧效率具有重要的意义。

276. 天然气发动机压缩机的转速对发动机效率的影响是什么?

转速高,混合气或空气进入气缸的流速增加,同时活塞速度随之提高,压缩过程中所形成的挤压气流得到加强,改善了燃料与空气的混合。同时转速提高使得压缩终了温度提高,混合气燃烧准备加快,火焰传播速度提高,末端混合气的焰前反应减弱,不易发生爆燃。低转速时,燃料和空气的混合效果变差,燃料消耗率高,同时爆燃倾向增大。

277. 积炭对天然气发动机压缩机的效率有哪些影响?

积炭的导热性很差,在零部件表面会降低传热系数,阻碍热的散失,引起燃烧室温度上升。火花塞或喷油嘴、排气门、活塞及气缸盖等过热。积炭增多后导致燃烧室容积减小,热强度增大,使汽油机发生爆震,发动机工作时出现噪声。燃烧室内的炽热积炭颗粒在铅盐的催化作用下可能引起汽油失控燃烧,出现早期点火、燃烧不稳定等现象,导致发动机零部件急剧磨损或损伤。

278. 压比过高对压缩机的效率会造成怎样的影响?

压缩气体在循环过程中,压力损失引起能量损失,由于压缩比的不同,相同压力损失引起的能量损失不同,压缩比越大,气体在气缸内受压缩的程度越大,压缩终点气体的压力和温度越高,过程指数影响增大,阻力损失减小,当压缩超过某一点时,过程线偏离的影响急剧增加,阻力损失基本不变,效率降低。

279. 级间温度过高对压缩机的效率会造成怎样的影响?

级间温度过高,气体膨胀,必然占有一部分气缸容积,相当于进气温度越高,其吸入的压缩天然气量减少,压缩机的效率会降低。

280. 造成风机机组电能利用率低的原因主要有哪些?

(1)风机叶轮的磨损引发风机性能下降导致风机效率下降。

(2)风机容量与使用容量不匹配,存在较大流失而影响风机使用效率。

(3)风道布置不合理,急转弯多,扩散和突然收缩等增加阻力影响风机使用效率。

(4)维修管理不善,漏风没有堵,增加了风量影响风机使用效率。

(5)风机设计质量和电动机设计质量有缺陷。

281. 提高风机电能利用率的主要措施是什么?

(1)淘汰低效风机,换高效风机。

(2)改造低效风机,如改进叶片、进风室、外壳及有关间隙。

(3)对风机按特性曲线进行经济调度。

(4)选用风压、风量符合实际需要的风机。

(5)减少管道阻力及涡流损失。

(6)合理配用电动机。

(7)做好风机及管路的维修,减少漏损。

282. 造成空气压缩机机组用电单耗的主要因素有哪些?

(1)查找空气压缩机及相应配套电动机是否使用国家公布和行业规定的淘汰产品,所配电动机应满足国家标准规定的能效限定值指标。

(2)空气压缩机运行在低负荷下,存在大马拉小车的现象。

(3)有旁通阀门打开,造成用电单耗高。

283. 集输管网效率低于多少时应进行清管作业?

对于集输管道,湿气管道输送效率小于80%、干气管道输送效率小于95%时,应安排清管作业。

对于长输管道,管道输送效率低于95%时,应安排清管作业。

284. 输送净化天然气管道内的天然气温度应如何测量及计算?

管道沿线任意点气体温度由管道埋设处的土壤温度和管道计算

段内起点气体温度与计算常数计算而得,见式(4.10)

$$t_0 + (t_1 - t_0) e^{-aX} \qquad (4.10)$$

式中 t_0——管道埋设处的土壤温度;

t_1——管道计算段内起点气体温度;

X——管道计算段起点至沿线任意点的长度;

e——自然对数底数,e = 2.718;

a——计算常数。

285. 造成空气压缩机冷却水排水温度过高的原因是什么?

(1)压缩机气缸中余隙过大。

(2)压缩机中吸、排气阀门、活塞环损坏。

(3)压缩机安全旁通阀泄漏。

(4)压缩机吸气温度过高。

(5)压缩机气缸中润滑油中断。

(6)压缩机吸气压力过低或吸气阀开得过小。

(7)压缩机吸气管道或过滤器有堵塞现象,隔热层、保温层损坏。

(8)压缩机回气管道中阻力过大,气体流动速度慢易产生过热现象,致使排气温度升高。

(9)制冷压缩机冷凝压力过高,冷凝器中有油垢或水垢等。

(10)压缩机缸盖冷却水套水量不足,或冷却水温度过高。

(11)压缩机的制冷能力小于库房设备能力,如蒸发面积过大。

(12)压缩机排气管道中阻力过大。

(13)制冷压缩机节流阀开启度过大或堵塞。

(14)压缩机自身效率差。

(15)冷却塔换热效果差。

286. 造成空气压缩机的排气量与额定排气量差异较大的原因有哪些?

(1)气阀漏气,影响排气量。

（2）活塞环、刮油环、气缸磨损过度,影响排气量。

（3）压缩缸沾污阻塞,使气缸的充气效率减小,而减少排气量。

（4）转速过低,使气缸的行程容积减小,从而减少了排气量。

（5）气缸的填料漏气,活塞杆窜气,从而使排气量降低。

（6）气缸盖上的衬垫损坏并漏气,影响排气量。

（7）气缸或级间冷却器冷却不良,将使吸入的气体被预热,从而使吸气量减少。

287. 应采取哪些措施提高天然气管网的管输效率?

（1）定期清管。

（2）优化集输气工艺流程,合理利用天然气本身的能量。

（3）利用先进技术,加强对设备、管道的维护管理,减小停输对管输效率的影响。如:利用管道检测、评估技术管道进行检测;利用阴极保护技术,保护天然气管网,提高管输效率。

288. 如何提高变压器效率?

（1）合理选择节能型变压器,降低变压器铁损。

（2）合理选择变压器容量、安装位置和供电半径。

（3）变压器低压侧合理采用无功补偿。

（4）做好低压侧的三相负荷平衡。

（5）要考虑变压器的运行方式(采用专用变压器或并联运行)。

（6）根据负荷需要合理采用无载分接开关调整变压器的输出电压。

289. 如何计算无功补偿容量?

无功补偿容量按式(4.11)计算:

$$QC = P(\tan\varphi_1 - \tan\varphi_2) \tag{4.11}$$

式中　QC——无功补偿容量;

　　　　P——用电设备运行功率;

$\tan\varphi_1$——补偿前功率因数角正切值；

$\tan\varphi_2$——补偿后功率因数角正切值（$\cos\varphi_2$ 一般取 0.95）。

290. 降压使用电容时,如何计算实际电容量?

电容器电容量与电压平方成正比,见式(4.12)

$$Q = Q_e \cdot \frac{U_e^2}{U^2} \tag{4.12}$$

式中　Q——电容器工作电压下的电容量,kvar;

　　　Q_e——电容器额定电压下的电容量,kvar;

　　　U——电容器工作电压,V;

　　　U_e——电容器额定工作电压,V。

291. 油田电网和一般企业电网评价指标的区别是什么?

(1)油田电网无日负荷率要求。

(2)油田电网6(10)kV 线路的线损率不大于6%。

(3)油田电网中各类变压器的功率因数有具体要求。

292. 线路损耗的计算公式是什么?

每条线路的损耗可以通过式(4.13)计算:

$$E_{sx} = mI^2Rt \times 10^{-3} \tag{4.13}$$

式中　E_{sx}——每条线路的损耗,kW·h;

　　　m——相数系数,单项 $m=2$,三相三线 $m=3$,三相四线 $m=3.5$;

　　　I——线路中电流的均方根值,A;

　　　R——每项导线的电阻,Ω;

　　　t——线路运行时间,h。

293. 油田电网线损率如何进行计算更科学准确?

油田电网6kV 配电网线损率的测试是测试配电变压器的低压侧(负载侧380V),计算时根据测得的数据计算出各段损耗。简单来说,首先计算出变压器高压侧电流,然后计算线路各段电流 I 及各段导线电阻 R,然后算出各段损耗 I^2R 进行累加。电流是矢量,相加时要用矢量相加。具体方法参考 SY/T 5268《油气田电网线损率测试和计算方法》。

294. 降低线损主要采用哪些技术措施?

(1)选择合理的接线方式和运行方式。

(2)搞好电网无功功率平衡,提高电力网的电压水平。

(3)提高负荷的功率因数,采用无功功率补偿设备,挖掘无功潜力。

(4)变压器的经济运行。

(5)调整和平衡负荷。

(6)加强电力网的维护工作。

(7)加强用电管理和计量管理。

295. 电力线路的电能质量问题分为哪几类?

电力线路的电能质量问题按产生和持续时间可分为稳态电能质量问题和动态电能质量问题。

(1)稳态电能质量问题以波形畸变为主要特征,一般持续时间较长,在一段时间内(通常是1min以上)出现电能质量不正常的情况,主要有下列类型:过电压、欠电压、电压不平衡和谐波。

(2)动态电能质量问题通常是以暂态持续时间为特征,包括脉冲暂态和振荡暂态两大类,主要有以下几种形式:电压骤升或骤降、电压瞬变、电压闪变和短时断电。

296. 在电能质量进行判定时,如何计算或取得公共联结点最小短路容量?

公共联结点最小短路容量 S_{k1} 指的是正常最小运行方式下的短路容量。$S_{k1}(MV \cdot A) = [$主变额定容量$(kV \cdot A)/($阻抗比$/100)]/1000$。

297. 随着变频器的普遍应用,谐波对电网的危害如何进行测试评价?

理想的公用电网所提供的电压应该是单一而固定的频率以及规定的电压幅值。谐波电流和谐波电压的出现,对公用电网是一种污染,它使用电设备所处的环境恶化。谐波对公用电网和其他系统的危害大致有以下几个方面:

(1)谐波使公用电网中的元件产生了附加的谐波损耗,降低了发电、输电及用电设备的效率,大量的三次谐波流过中性线时,会使线路过热甚至发生火灾。

(2)谐波影响各种电气设备的正常工作。谐波对电动机的影响除引起附加损耗外,还会产生机械振动、噪声和过电压,使变压器局部严重过热。谐波使电容器、电缆等设备过热、绝缘老化、寿命缩短,以致损坏。

(3)谐波会引起公用电网中局部的并联谐振和串联谐振,从而使谐波放大,这就使上述(1)和(2)的危害大大增加,甚至引起严重事故。

(4)谐波会导致继电保护和自动装置的误动作,并会使电气测量仪表计量不准确。

(5)谐波会对邻近的通信系统产生干扰,轻者产生噪声,降低通信质量;重者导致数据丢失,使通信系统无法正常工作。

GB/T 14549《电能质量 公用电网谐波》中规定:6~220kV 各级公用电网电压(相电压)总谐波畸变率是 0.38kV 为 5.0% ,6~10kV 为 4.0% ,35~66kV 为 3.0% ,110kV 为 2.0% ;用户注入电网的谐波电流允许值应保证各级电网谐波电压在限值范围内,所以国家标准规定各级电网谐波源产生的电压总谐波畸变率是:0.38kV 为 2.6% ,6~10kV 为 2.2% ,35~66kV 为 1.9% ,110kV 为 1.5% 。对220kV 电网及其供电的电力用户参照 GB/T 14549《电能质量公用电网谐波》110kV 的要求执行。

298. 为什么功率因数低会降低电网的供电能力?

油田供(配)电网的供电能力是一定的,如全系统机采系统配电网的供电能力约为 $30 \times 10^8 kW$。如果所有用电负荷的功率因数都为 1,则可输出 $30 \times 10^8 kW$ 的有功功率。实际上,该系统的自然平均功率因数只有 0.4 左右,使配电网只能输出 $12 \times 10^8 kW$ 的有功功率,而其余的电网供电能力不得不为系统提供无功功率,使电网的供电能力受到限制,不能真正发挥作用。

299. 为什么功率因数低会增加电网的功率损耗?

油田电网的供电电压是一定的,在一定的用电负荷下,其所需要的有功功率也是一定的。根据交流电路电流的计算公式 $I = P/(U\cos\varphi)$ 可知,功率因数越低,电网上传输的电流越大。由于电网的阻抗是一定的,使得电网上的功率损失(也称为网损)增大,浪费了大量的电能。

300. 为什么功率因数低会降低电网的供电质量?

根据交流电路电流的计算公式 $I = P/(U\cos\varphi)$ 可知,功率因数越低,电网上传输的电流越大,同时电网上的电压降也越大,导致电网末端的电压降低。

附录　模拟试题

节能监测员培训考试题（第1卷）

一、填空题（每空1分，共40分）

1. 按能源形成条件分类，煤炭、石油、天然气、水能、风能等未经人为加工的能源称_____，电、蒸汽、焦炭、煤气等经过人为加工的能源称_____。

2. 节能监测的工作内容概括起来就是____、____、____三个方面。

3. 压缩机_____与_____压力之比，即压缩机的压力比，也叫总压力比。

4. 天然气压缩机按压缩机级数分：____、____、____。

5. 锅炉容量可按以下系数近似换算：$1t/h \approx$ __ $MW \approx$ __ $\times 10^4 kcal/h$。

6. GW2500 - Y/2.5 - Q/Q 型加热炉：额定热负荷为____ kW，被加热介质为原油，炉管的设计压力为 2.5MPa，燃料为_____，强制通风，第一次设计。

7. 根据监测标准要求，锅炉热效率__年内应测试一次；锅炉在_____应进行热效率测试。

8. 连接电力测试仪器时，测试仪表应连接在控制箱的_____。

9. 对于游梁式抽油机的系统效率进行评价时，标准要求 $\eta \geq 18/(K_1 \cdot K_2)$，这里 K_1 表示____系数，K_2 表示_____系数。

10. 电动机_____与_____之比称为负载系数，用百分数表示。

11. 抽油机井的_____与_____之比称为井下效率，用百分数表示。

12. _____、_____、配水间及注水井（不包括井下部分）等组成的系统叫油田注水系统。

— 91 —

13. 按照 SY/T 6275—2007《油田生产系统节能监测规范》的要求，注水系统节能监测项目为_____、_____、_____、_____。

14. 在交流电路中，____与____之间的相位差 φ 的余弦叫做功率因数，用符号 $\cos\varphi$ 表示，在数值上，功率因数是_____和_____的比值。

15. 变压器负载系数是变压器测试期间_____与其_____的比值，或_____与输送的有功功率的比值。

16. 油气田电网线损率是油气田电网_____与_____的比值，用百分数表示。

17. 在标准规定测试条件下，耗能设备或系统运行时所允许的最低保证值简称_____，耗能设备或系统达到节能运行的最低保证值简称_____。

二、选择题（每题1分，共20分）

1. 高温热能可以转换为低温热能，低温热能却（　）自动转换为高温热能。

(A)不能　　　　　　　　(B)能

(C)一般情况下可以　　　(D)偶尔可以

2. 能源效率分为开采效率、加工和转换效率、储运效率以及终端利用效率。这四个效率的乘积是（　）。

(A)能源效率　　　　　　(B)节能率

(C)节能量　　　　　　　(D)能源系统总效率

3. 天然气压缩机测试期间，输气流量波动在 ±5% 以内，干线压力波动在（　）以内。

(A) ±5%　　(B) ±10%　　(C) ±15%　　(D) ±20%

4. 采用红外线测试仪测试各级压缩天然气进出口温度，测试位置在天然气进口、出口位置（　）范围之内。

(A)0.5m　　(B)1.0m　　(C)1.5m　　(D)2.0m

5. 下列燃料组分中，燃烧时不能释放出热能的是（　）。

(A)氧　　(B)硫　　(C)碳　　(D)氢

6. 锅炉热平衡计算时,燃料发热量应使用( )。

（A）收到基高位发热量　　（B）收到基低位发热量

（C）空气干燥基高位发热量　　（D）空气干燥基低位发热量

7. 关于水套炉,下列论述错误的是( )。

（A）安全性好　　　　　　（B）运行中不需要补水

（C）火筒式加热炉　　　　（D）间接加热炉

8. ( )不属于锅炉节能监测测试项目。

（A）排烟温度　　　　　　（B）过量空气系数

（C）锅炉负荷率　　　　　（D）炉渣含碳量

9. 在加热炉烟道上加装空气预热器,不能( )。

（A）减少排烟热损失　　　（B）回收烟气余热

（C）提高负荷率　　　　　（D）提高热效率

10. 在 SY/T 6275—2007《油田生产系统节能监测规范》中,关于机采系统,( )不是标准要求的评价指标。

（A）平衡度　　　　　　　（B）系统效率

（C）功率因数　　　　　　（D）产液单耗

11. 在机采系统中,通常( )汲油方式系统效率较高。

（A）游梁抽油机　　　　　（B）潜油电泵

（C）螺杆泵　　　　　　　（D）不确定

12. 机采系统进行调参时,( )不是调参对象。

（A）冲次　　（B）泵深　　（C）冲次　　（D）平衡度

13. 游梁式抽油机的平衡度测试,通常是测量抽油机的( )。

（A）上冲程与下冲程的最大电流

（B）上冲程与下冲程的平均电流

（C）上冲程与下冲程的最小电流

（D）上冲程与下冲程的平均电压

14. 在机采系统中,出现( )情况时,SY/T 5264—2006《油田生产系统能耗测试和计算方法》不适用。

（A）有效扬程小于 50m　　（B）有效扬程小于 100m

（C）有效扬程大于 1000m　　（D）有效扬程小于 0m

15. 按照 SY/T 6275—2007《油田生产系统节能监测规范》,对注水系统节能监测项目指标要求依据( )来划分。

(A)电动机额定功率　　　　(B)泵额定扬程

(C)泵额定排量　　　　　　(D)泵配用功率

16. 在 SY/T 5264—2012《油田生产系统能耗测试和计算方法》中,注水阀组损失率是( ),用百分数表示。

(A)由注水系统的阀组所造成的功率损失与系统输入功率的比值

(B)由注水系统的阀组所造成的功率损失与系统输出功率的比值

(C)由注水系统的阀组所造成的功率损失与泵输入功率的比值

(D)由注水系统的阀组所造成的功率损失与泵输出功率的比值

17. 某离心式高压注水泵的输入功率为 95kW,泵入口压力为 0.8MPa,出口压力为 25MPa,泵出口控制阀后压力为 20MPa,泵排量为 35m³/h,该泵节流损失率为( )%。

(A)25　　　(B)20　　　(C)18　　　(D)15

18. 在 SY/T 5264—2012《油田生产系统能耗测试和计算方法》中,油田注水地面系统要求,工况稳定指被测对象的主要运行参数波动在测试期间平均值的( )以内。

(A)±20%　　(B)±15%　　(C)±10%　　(D)±5%

19. 在油田电力系统中,以下( )为监测项目。

(A)变压器效率、变压器功率损耗和变压器视在功率

(B)线损率、变压器无功功率和变压器负载系数

(C)线损率、变压器功率损耗和变压器负载系数

(D)线损率、变压器功率因数和变压器负载系数

20. 变压器输出侧的有功功率为 3kW,无功功率为 4kvar,视在功率为 5kV·A,功率因数为( )。

(A)0.8　　　(B)0.6　　　(C)0.3　　　(D)0.2

三、简答题(每题 5 分,共 20 分)

1. 提高压缩机效率的途径和主要措施有哪些?

2. 影响锅炉机械不完全燃烧热损失的主要因素有哪些?

3. 供配电系统的有功功率损失及无功功率损失主要构成是什么?

4. 注水泵排量控制方式有哪些?

四、计算题(每题 10 分,共 20 分)

1. 某往复式高压注水泵额定功率为 100kW,输入功率为 80kW,泵入口压力为 1MPa,出口压力为 25MPa,泵排量为 10m³/h,该泵机组效率为多少?

2. 已知一台 10 型游梁式抽油机,冲程为 3m,6 冲次,额定电动机功率 N_e 为 37kW,电动机输入功率 N_1 为 10.0kW,功率因数 λ 为 0.52,电动机实际输出功率 N_2 为 8.8kW,上冲程最大电流 I_s 为 52A,下冲程最大电流 I_x 为 50A。该井日产液量 Q 为 40t,含水率为 80%,有效扬程 H 为 860m。(该地区为中高渗透油层,该井为稀油井,$\rho_{油} = 0.86t/m^3$,$g = 9.8m/s^2$)求该井电动机功率利用率 η_d、平衡度 L 及该井系统效率 η_{sys} 为多少?

第 1 卷答案

一、填空题

1. 一次能源;二次能源　　2. 检查;测试;评价　　3. 末级排气接管处压力;第一级进气接管处　　4. 一级;二级;多级　　5. 0.7;60　　6. 2500;天然气　　7. 三;新安装、大修、技术改造后　　8. 进线端　　9. 渗透;泵挂深度　　10. 输出功率;额定功率　　11. 有效功率;光杆功率　　12. 注水泵站;注水管网　　13. 功率因数;机组效率;系统效率;节流损失率　　14. 电压;电流;有功功率;视在功率　　15. 平均输出视在功率;额定容量;损耗的有功功率　　16. 损耗的有功电量;供电有功电量　　17. 节能限定值;节能评价值

二、选择题

1. A	2. D	3. A	4. A
5. A	6. B	7. B	8. C
9. C	10. D	11. C	12. D
13. A	14. D	15. C	16. A
17. B	18. D	19. D	20. B

三、简答题

1. 答:(1)减少相对运动部件之间的漏气。(2)解决冷却系统对

压缩机效率影响的措施。(3)解决润滑系统对压缩机效率影响的措施。(4)调整余隙容积,保证压缩机效率。(5)防止压缩机气缸积炭的产生。(6)降低进排气系统的阻力。(7)合理选择级数和压比,加强气缸冷却,减少传热损失。(8)降低摩擦损失(提高制造、装配质量,良好润滑)。

2. 答:影响锅炉机械不完全燃烧热损失的主要因素有燃料性质、煤的颗粒度、燃烧方式、炉膛结构、锅炉负荷、炉内空气动力场以及运行情况等。

3. 答:电能沿输配电线路输送和通过变压器绕组时会产生的有功功率损失包括在输配电线路、变压器的串联电阻和并联电导产生的有功功率损失;无功功率损失包括在输配电线路电抗上、并联电导上和在变压器的励磁回路、电抗上产生的无功功率损失。

4. 答:有三种方式:(1)开泵台数控制。(2)泵出口阀门开度控制。(3)转速控制。

四、计算题

1. 解:已知 $N = 80\text{kW}$,$p_入 = 1\text{MPa}$,$p_出 = 25\text{MPa}$,$Q = 10\text{m}^3/\text{h}$。

$$\eta = \frac{(p_出 - p_入)Q}{3.6N} \times 100\%$$

$$= \frac{(25-1) \times 10}{3.6 \times 80} \times 100\% = 83.3\%$$

答:该泵机组效率为83.3%。

2. 解:已知 $N_e = 37\text{kW}$,$N_1 = 10\text{kW}$,$I_s = 52\text{A}$,$I_x = 50\text{A}$,$Q = 40\text{t}$,$H = 860\text{m}$,$g = 9.8\text{m/s}^2$。

$$\eta_d = \frac{N_1}{N_e} \times 100\% = \frac{10}{37} \times 100\% = 27.0\%$$

$$L = \frac{I_x}{I_s} \times 100\% = \frac{50}{52} \times 100\% = 96.2\%$$

$$\eta_{sys} = \frac{QHg}{86400N_1} \times 100\% = \frac{40 \times 860 \times 9.8}{86400 \times 10} \times 100\% = 39.0\%$$

答:该井电动机有效功率利用率为27.0%,平衡度为96.2%,系统效率为39.0%。

节能监测员培训考试题(第2卷)

一、填空题(每空1分,共40分)

1. 按能源形成条件分类,煤炭、石油、天然气、水能、风能等未经人为加工的能源称_____,电、蒸汽、焦炭、煤气等经过人为加工的能源称_____。

2. 节能监测的工作内容概括起来就是____、____、____三个方面。

3. 压缩机_____与_____压力之比,即压缩机的压力比,也叫总压力比。

4. 发动机_____、冷却系统的热损失、_____、_____等的总和就等于燃料燃烧的热能,称之为发动机的能量平衡。

5. 按体积计算,空气中含氧量为____%,其余组分可看作是____。

6. 锅炉每次正、反热平衡测得的效率之差应不大于__%;两次正平衡测得的效率之差应不大于3%;两次反平衡测得的效率之差应不大于4%。但对于燃油、燃气锅炉两种平衡的热效率值之差均应不大于__%。

7. 按加热炉的结构形式划分,可分为_____加热炉和_____加热炉两大类。

8. 电动机_____与_____之比,以百分数表示的负载系数称为负载率。

9. 机械采油井的系统效率也可以通过_____与_____的乘积算得。

10. 按照SY/T 6275—2007《油田生产系统节能监测规范》的要求,游梁式抽油机系统节能监测项目为_____、_____、_____。

11. _____与_____之差与_____的比值称为泵出口阀节流损失率,用百分数表示。

12. 由注水系统的_____所造成的功率损失和_____的比值叫注水管网损失率。

13. 按照 SY/T 6275—2007《油田生产系统节能监测规范》的要求，注水地面系统节能监测项目为 _____、_____、_____、_____。

14. 在交流电路中，____与____之间的相位差 ϕ 的余弦叫做功率因数，用符号 $\cos\phi$ 表示，在数值上，功率因数是_____和的比值。

15. 变压器负载系数是变压器测试期间_____与其_____的比值。

16. 在标准规定测试条件下，耗能设备或系统运行时所允许的最低保证值简称_____，耗能设备或系统达到节能运行的最低保证值简称_____。

二、选择题（每题 1 分，共 20 分）

1. 高温热能可以转换为低温热能，低温热能却（ ）自动转换为高温热能。

（A）不能 （B）能

（C）一般情况下可以 （D）偶尔可以

2. GB/T 2589—2008《综合能耗计算通则》规定，应用基低（位）发热量等于（ ）kJ 的燃料，称为 1kg 标准煤。

（A）41870 （B）29327 （C）29307 （D）41868

3. 天然气压缩机测试期间，输气流量波动在 ±5% 以内，干线压力波动在（ ）以内。

（A）±20% （B）±15% （C）±10% （D）±5%

4. 采用红外线测试仪测试各级压缩天然气进出口温度，测试位置在天然气进口、出口位置（ ）范围之内测试。

（A）0.5m （B）1.0m （C）1.5m （D）2.0m

5. 下列燃料组分中，燃烧时不能释放出热能的是（ ）。

（A）碳 （B）氢 （C）氧 （D）硫

6. 关于水套炉，下列论述错误的是（ ）。

（A）火筒式加热炉 （B）间接加热炉

（C）安全性好 （D）运行中不需要补水

7. (　　)不属于锅炉节能监测测试项目。

（A）排烟温度　　　　　　　　（B）过量空气系数

（C）炉渣含碳量　　　　　　　（D）锅炉负荷率

8. 锅炉热平衡计算时,燃料发热量应使用(　　)。

（A）收到基高位发热量　　　　（B）收到基低位发热量

（C）空气干燥基高位发热量　　（D）空气干燥基低位发热量

9. 在加热炉烟道上加装空气预热器,不能(　　)。

（A）回收烟气余热　　　　　　（B）减少排烟热损失

（C）热提高热效率　　　　　　（D）提高负荷率

10. 按照 SY/T 6275—2007《油田生产系统节能监测规范》的要求,潜油电泵抽油机井系统节能监测项目为(　　)。

（A）功率因数、系统效率　　　（B）产液单耗、系统效率

（C）百米吨液单耗、系统效率　（D）功率因数、电机效率

11. 游梁式抽油机的平衡度测试,通常是测量抽油机的(　　)。

（A）上冲程与下冲程的最大电流

（B）上冲程与下冲程的平均电流

（C）上冲程与下冲程的最小电流

（D）上冲程与下冲程的平均电压

12. 在机采系统中,通常(　　)汲油方式系统效率较高。

（A）游梁抽油机　　　　　　　（B）潜油电泵

（C）螺杆泵　　　　　　　　　（D）不确定

13. 机采系统进行调参时,(　　)不是调参对象。

（A）冲次　　　（B）泵深　　　（C）冲次　　　（D）平衡度

14. 提高机采系统电动机的功率因数,下列(　　)方式达不到预期效果。

（A）使用功率因数较高的节能电动机

（B）无功补偿

（C）根据负载状况,尽可能使用功率较小的电动机

（D）使用大功率电动机

15. 按照 SY/T 6275—2007《油田生产系统节能监测规范》,对注

水系统节能监测项目指标要求依据( )来划分。

(A)电动机额定功率　　　(B)泵配用功率

(C)泵额定扬程　　　　　(D)泵额定排量

16. 在 SY/T 5264—2012《油田生产系统能耗测试和计算方法》中,注水阀组损失率为( ),用百分数表示。

(A)由注水系统的阀组所造成的功率损失与泵输入功率的比值

(B)由注水系统的阀组所造成的功率损失与泵输出功率的比值

(C)由注水系统的阀组所造成的功率损失与系统输入功率的比值

(D)由注水系统的阀组所造成的功率损失与系统输出功率的比值

17. 某离心式高压注水泵的输入功率为 95kW,泵入口压力为 0.6MPa,出口压力为 25MPa,泵出口控制阀后压力为 20MPa,泵排量为 25m³/h,该泵节流损失率为( )%。

(A)16　　　(B)18　　　(C)20　　　(D)25

18. 在 SY/T 5264—2012《油田生产系统能耗测试和计算方法》中,油田注水地面系统要求,工况稳定指被测对象的主要运行参数波动在测试期间平均值的( )以内。

(A) ±5%　　(B) ±10%　　(C) ±15%　　(D) ±20%

19. 在油田电力系统中,以下( )为监测项目。

(A)线损率、变压器无功功率和变压器负载系数

(B)变压器效率、变压器功率损耗和变压器视在功率

(C)线损率、变压器功率损耗和变压器负载系数

(D)线损率、变压器功率因数和变压器负载系数

20. 变压器输出侧的有功功率为 3kW,无功功率为 4kvar,视在功率为 5kV·A,功率因数为( )。

(A)0.2　　　(B)0.3　　　(C)0.6　　　(D)0.8

三、简答题(每题 5 分,共 20 分)

1. 提高压缩机效率的途径和主要措施有哪些?

2. 如何降低锅炉排烟热损失?

3. 工业余热的利用途径?

4. 在油田注水系统中如何提高泵效?

四、计算题(每题 10 分,共 20 分)

1. 某离心式注水泵额定功率为 1000kW,输入功率为 760kW,泵入口压力为 1MPa,出口压力为 16MPa,泵排量为 120m³/h,该泵机组效率为多少?

2. 已知某一 HJ200 – S/0.40 – Q 型热水加热炉,热水流量为 6.00m³/h,进水温度为 60℃,出水温度为 80℃,环境及进风温度为 0℃,排烟温度为 160℃,一氧化碳含量为 0.01%(体积分数)。已知燃料天然气消耗量为 15m³/h,低位发热量为 40MJ/h,过剩空气系数 α_{py} 为 1.40,加热炉设计散热损失为 4%,求加热炉运行负荷率、热平衡效率?

第 2 卷答案

一、填空题

1. 一次能源;二次能源　2. 检查;测试;评价　3. 末级排气接管处压力;第一级进气接管处　4. 有效功的热量;废气带走的热量;其他损失的热量　5. 20.9;氮气　6. 5;2　7. 火筒式;管式　8. 输出功率;额定功率　9. 地面效率;井下效率　10. 系统效率;功率因数;平衡度　11. 泵输出功率;泵出口调节阀后有效功率;泵输出功率　12. 管线和阀组;注水输入功率　13. 功率因数;机组效率;系统效率;节流损失率　14. 电压;电流;有功功率;视在功率　15. 平均输出视在功率;额定容量　16. 节能限定值;节能评价值

二、选择题

1. A	2. C	3. D	4. A
5. C	6. D	7. D	8. B
9. D	10. A	11. A	12. C
13. D	14. D	15. D	16. C
17. C	18. A	19. D	20. C

三、简答题

1. 答:(1)减少相对运动部件之间的漏气。(2)解决冷却系统对压缩机效率影响的措施。(3)解决润滑系统对压缩机效率影响的措施。(4)调整余隙容积,保证压缩机效率。(5)防止压缩缸积炭的产生。(6)降低进排气系统的阻力。(7)合理选择级数和压比,加强气缸冷却,减少传热损失。(8)降低摩擦损失(提高制造、装配质量,良好润滑)。

2. 答:影响排烟热损失的因素主要是排烟温度和排烟容积。

对没有加装尾部受热面的锅炉应视具体情况安装省煤器和空气预热器,降低排烟热损失;锅炉运行和保养时应及时吹灰和除垢,有效提高锅炉辐射和对流传热效率,降低排烟温度。

锅炉运行中应确定合理的过量空气系数,采取有效措施,减少系统漏入冷空气量;采取富氧燃烧技术,减少助燃空气消耗量;对燃油、燃气锅炉应优先选用自动、高效燃烧器,提高天然气或燃油燃烧质量。

3. 答:余热利用的原则是从用户需要出发,根据余热数量和品味高低,在符合经济原则的条件下,可采取直接利用和综合利用的方式对余热资源加以利用。

余热的直接利用:预热进入炉窑的空气,干燥加工的材料和部件,生产热水和蒸汽,采暖和制冷。

余热的综合利用:利用高温余热产生蒸汽推动汽轮发电机组发电,以高温余热直接推动涡轮发电机组发电。

4. 答:(1)合理选择高效大排量离心注水泵。(2)合理利用注水泵的高效区。(3)小油田选用柱塞泵。(4)加强维修,减少腐蚀。(5)打光泵流道,提高加工精度。(6)考虑泵站的发展,实行近、远期相结合。

四、计算题

1. 解:已知 $N = 760 \text{kW}$, $p_入 = 1 \text{MPa}$, $p_出 = 16 \text{MPa}$, $Q = 120 \text{m}^3/\text{h}$。

$$\eta = \frac{(p_出 - p_入)Q}{3.6N} \times 100\%$$

$$= \frac{(16-1) \times 120}{3.6 \times 760} \times 100\% = 65.8\%$$

答:泵机组效率为65.8%。

2. 解:已知 $Q_e = 200 \text{kW}$, $G = 6.00 \text{m}^3/\text{h}$, $t_j = 60 \text{℃}$, $t_c = 80 \text{℃}$,

$t_{lk} = 0℃$，$t_{py} = 160℃$，$V_{co} = 0.01\%$，$B = 15m^3/h$，$Q_r = 40MJ/h$，$\alpha_{py} = 1.40$，$q_5^e = 4\%$；取水的 $C = 4.1868kJ/(kg \cdot ℃)$，$\rho = 1000kg/m^3$。

（1）计算加热炉运行负荷率：

加热炉热负荷 Q_1 为：

$$Q_1 = \frac{G\rho C(t_c - t_j)}{3600}$$

$$= \frac{6.00 \times 1000 \times 4.1868 \times (80 - 60)}{3600} = 139.56(kW)$$

加热炉运行负荷率 D_f 为：

$$D_f = \frac{Q_1}{Q_e} \times 100\% = \frac{139.56}{200} \times 100\% = 69.8\%$$

（2）计算加热炉热平衡效率：

加热炉正平衡效率 η_1 计算：

$$\eta_1 = \frac{3.6Q_1}{BQ_r} \times 100\% = \frac{3.6 \times 139.56}{15 \times 40} \times 100\% = 83.7\%$$

加热炉反平衡热效率 η_2 计算：

$$q_2 = (m + n\alpha_{py})(1 - q_4)\frac{t_{py} - t_{lk}}{100}$$

$$= (0.5 + 3.45 \times 1.4) \times (1 - 0) \times \frac{160 - 0}{100} = 8.5\%$$

（式中系数 m 和 n 取值参见 253 问，对燃气加热炉 q_4 可忽略不计。）

$$q_3 = 3.2\alpha_{py}V_{co} = 3.2 \times 1.5 \times 0.01\% = 0.048\%$$

$$q_5 = \frac{q_5^e}{D_f} \times 100\% = \frac{4}{69.8} \times 100\% = 5.7\%$$

$$\eta_2 = 100\% - q_2 - q_3 - q_5$$

$$= 100\% - 8.5\% - 0.048\% - 5.7\% = 85.8\%$$

加热炉热平衡效率 η 计算：

$$\eta = \frac{\eta_1 + \eta_2}{2} = \frac{83.7\% + 85.8\%}{2} = 84.8\%$$

答：加热炉运行负荷率为 69.8%，热平衡效率为 84.8%。

节能监测员培训考试题（第 3 卷）

一、填空题（每空 1 分，共 40 分）

1. 按能源形成条件分类，煤炭、石油、天然气、水能、风能等未经人为加工的能源称＿＿＿＿＿＿＿，电、蒸汽、焦炭、煤气等经过人为加工的能源称＿＿＿＿＿＿＿。

2. 物质发生温度变化时所吸收或放出的热量称为＿＿＿＿；当物质发生相变时，所吸收或放出的热量称为＿＿＿＿。

3. 企业能源计量器具配备和管理通则要求企业能源计量是：进出厂的＿＿＿＿＿＿＿、＿＿＿＿＿＿＿以及＿＿＿＿＿＿＿的计量。

4. 在国际单位制中所采用的压力单位是＿＿＿＿＿＿＿，热量单位是＿＿＿＿＿＿＿，质量单位是＿＿＿＿＿＿＿。

5. 通常的压力表或真空计所指的压力，不是气体的真正压力，而是＿＿＿＿＿＿＿和当地大气压力的差值。压力表读取数叫＿＿＿＿＿＿＿，它等于＿＿＿＿＿＿＿减去当地大气压力；真空计所示读数叫＿＿＿＿＿＿＿，它等于当地大气压力减去＿＿＿＿＿＿＿。

6. 企业消耗的一次能源量，均按煤的＿＿＿＿＿＿＿＿＿＿＿换算为标准煤量。

7. 设备及管道散热损失常采用＿＿＿＿＿＿＿、＿＿＿＿＿＿＿、＿＿＿＿＿＿＿进行测试。

8. 离心泵能量损失可分为＿＿＿＿＿＿＿、＿＿＿＿＿＿＿和＿＿＿＿＿＿＿。

9. 锅炉容量可按以下系数近似换算：$1t/h \approx$ ＿＿ MW $\approx$ ＿＿ $\times 10^4 kcal/h$。

10. 油气田生产用加热炉按基本结构分为两类，即＿＿＿＿＿＿＿和＿＿＿＿＿＿＿。

11. GW2500 – Y/2.5 – Q/Q 型加热炉：额定热负荷为＿＿＿＿ kW，被加热介质为原油，炉管的设计压力为 2.5MPa，燃料为＿＿＿＿＿＿，强制通风，第一次设计。

12. 根据监测标准要求，锅炉热效率＿＿年内应测试一次；锅炉在＿＿＿＿＿＿＿＿＿＿＿应进行热效率测试。

13. 按照 SY/T 6275《油田生产系统节能监测规范》的要求,注水地面系统节能监测项目为_____、_____、_____、_____。

14. 在交流电路中,____与____之间的相位差 ϕ 的余弦叫做功率因数,用符号 $\cos\phi$ 表示,在数值上,功率因数是_____和_____的比值。

15. 在标准规定测试条件下,耗能设备或系统运行时所允许的最低保证值简称_____,耗能设备或系统达到节能运行的最低保证值简称_____。

二、选择题(每题 1 分,共 20 分)

1. 高温热能可以转换为低温热能,低温热能却( )自动转换为高温热能。

(A)不能　　　　　　　　　(B)能

(C)一般情况下可以　　　　(D)偶尔可以

2. 能源效率分为开采效率、加工和转换效率、储运效率以及终端利用效率。这四个效率的乘积是( )。

(A)能源效率　　　　　　　(B)节能率

(C)节能量　　　　　　　　(D)能源系统总效率

3. 天然气压缩机测试期间,输气流量波动在 ±5% 以内,干线压力波动在( )以内。

(A)±5%　　(B)±10%　　(C)±15%　　(D)±20%

4. 第一类永动机之所以不存在是因为它违反了( )。

(A)热力学第一定律　　　　(B)热力学第二定律

(C)传热的三种基本方式　　(D)卡诺定理

5. 下列燃料组分中,燃烧时不能释放出热能的是( )。

(A)氧　　　(B)硫　　　(C)碳　　　(D)氢

6. 锅炉热平衡计算时,燃料发热量应使用( )。

(A)收到基高位发热量　　　(B)收到基低位发热量

(C)空气干燥基高位发热量　(D)空气干燥基低位发热量

7. 辐射传热量的大小与温度的( )成正比。

(A)平方　　(B)三次方　　(C)四次方　　(D)五次方

8. ( )不属于锅炉节能监测测试项目。

(A)排烟温度　　　　　　　(B)过量空气系数

(C)锅炉负荷率　　　　　　(D)炉渣含碳量

9. 在加热炉烟道上加装空气预热器,不能( )。

(A)减少排烟热损失　　　　(B)回收烟气余热

(C)提高负荷率　　　　　　(D)热提高热效率

10. 在SY/T 6275《油田生产系统节能监测规范》中,关于机采系统( )不是标准要求的评价指标。

(A)平衡度　　(B)系统效率　　(C)功率因数　　(D)产液单耗

11. 在机采系统中,通常( )汲油方式系统效率较高。

(A)游梁抽油机　　　　　　(B)潜油电泵

(C)螺杆泵　　　　　　　　(D)不确定

12. 机采系统进行调参时,( )不是调参对象。

(A)冲次　　(B)泵深　　(C)冲次　　(D)平衡度

13. 游梁式抽油机的平衡度测试,通常是测量抽油机的( )。

(A)上冲程与下冲程的最大电流

(B)上冲程与下冲程的平均电流

(C)上冲程与下冲程的最小电流

(D)上冲程与下冲程的平均电压

14. 在机采系统中,出现( )情况时,SY/T 5264《油田生产系统能耗测试和计算方法》不适用。

(A)有效扬程小于50m　　　(B)有效扬程小于100m

(C)有效扬程大于1000m　　(D)有效扬程小于0m

15. 按照SY/T 6275《油田生产系统节能监测规范》,对注水地面系统节能监测项目指标要求依据( )来划分。

(A)电动机额定功率　　　　(B)泵额定扬程

(C)泵额定排量　　　　　　(D)泵配用功率

16. GB 3486《评价企业合理用热技术导则》中规定,工业锅炉外壁温度不得超过( )℃。

(A)40　　　(B)50　　　(C)60　　　(D)70

17. 某离心式高压注水泵的输入功率为 95kW,泵入口压力为 0.8MPa,出口压力为 25MPa,泵出口控制阀后压力为 20MPa,泵排量为 35m³/h,该泵节流损失率为( )%。

(A)25   (B)20   (C)18   (D)15

18. 在 SY/T 5264—2012《油田生产系统能耗测试和计算方法》中,油田注水地面系统要求,工况稳定指被测对象的主要运行参数波动在测试期间平均值的( )以内。

(A) ±20%   (B) ±15%   (C) ±10%   (D) ±5%

19. 无功补偿电容器实际电容量与( )。

(A)电压平方成正比   (B)电压平方成反比
(C)电压成正比   (D)电压成反比

20. 变压器输出侧的有功功率为 6kW,无功功率为 8kvar,视在功率为 10kV·A,功率因数为( )。

(A)0.8   (B)0.6   (C)0.3   (D)0.2

三、简答题(每题 5 分,共 20 分)

1. 离心泵常见流量调节方式有哪些?

2. 锅炉气体未完全燃烧热损失与什么有关?

3. 供配电系统的有功功率损失及无功功率损失的主要构成是什么?

4. 抽油机平衡度常用的测试方法有哪些?

四、计算题(每题 10 分,共 20 分)

1. 已知水泵的进口压力 p_1 为 0.11MPa,出口压力 p_2 为 0.50MPa,进出口流速 W_1 为 5m/s,W_2 为 6m/s;ΔZ 为 1m,求水泵扬 H?(采用水的重度 $\gamma = 9807$N/m³)

2. 已知一台 8 型游梁式抽油机,冲程 3m,6 冲次,额定电动机功率 N_e 为 30kW,电动机输入功率 N_1 为 10.0kW,功率因数 λ 为 0.52,电动机实际输出功率 N_2 为 7.8kW,上冲程最大电流 I_s 为 42A,下冲程最大电流 I_x 为 44A。该井日产液量 Q 为 30t,含水率为 80%,有效扬程 H 为 960m,(该地区为中高渗透油层,该井为稀油井,$\rho_{油} = 0.86$t/m³,$g = 9.8$m/s²),求该井电动机有效功率利用率 η_d、电动机运行负载率 β、平衡度 L 及该井系统效率 η_{sys} 为多少?

第3卷答案

一、填空题

1. 一次能源;二次能源　　2. 显热;潜热　　3. 一次能源;二次能源;含能工质　　4. 帕斯卡(Pa);焦耳(J);千克(kg)　　5. 绝对压力;表压力;绝对压力;真空度;绝对压力　　6. 收到基低(位)发热量　　7. 热平衡法;表面温度法;热流计法　　8. 水力损失;容积损失;机械损失　　9. 0.7;60　　10. 火筒式加热炉;管式加热炉　　11. 2500;天然气　　12. 三;新安装、大修、技术改造后　　13. 功率因数;机组效率;系统效率;节流损失率　　14. 电压;电流;有功功率;视在功率　　15. 节能限定值;节能评价值

二、选择题

1. A	2. D	3. A	4. A
5. A	6. B	7. C	8. C
9. C	10. D	11. C	12. D
13. A	14. D	15. C	16. B
17. B	18. D	19. A	20. B

三、简答题

1. 答:离心泵流量的调节可通过改变泵或管线的特性曲线来实现。管线特性曲线可利用泵排出口的闸门进行调节,而泵的特性曲线可用改变转速、改变叶轮级数和车削叶轮外径等方法进行调节。

2. 答:影响气体未完全燃烧热损失的主要因素有:

(1)空气不足,产生大量的一氧化碳等可燃气体(即冒黑烟)。

(2)空气与可燃气体混合不充分。

(3)炉膛内温度过低。

(4)炉排上煤层太厚。

(5)炉膛容积过小,可燃气体来不及燃尽即进入低温烟道。

3. 答:电能沿输配电线路输送和通过变压器绕组时会产生的有功功率损失包括在输配电线路、变压器的串联电阻和并联电导产生的有

功功率损失;无功功率损失包括在输配电线路电抗上、并联电导上和在变压器的励磁回路、电抗上产生的无功功率损失。

4. 答:有三种方式:

(1)电流法。

(2)平均功率法。

(3)电能法。

四、计算题

1. 解:已知 $p_1 = 0.10\text{MPa}, p_2 = 0.50\text{MPa}, W_1 = 5\text{m/s}, W_2 = 6\text{m/s}$, $\Delta Z = 1\text{m}, \gamma = 9807\text{N/m}^3$。

$$H = \frac{10^6(p_2 - p_1)}{\gamma} + \frac{W_2^2 - W_1^2}{2g} + \Delta Z$$

$$= \frac{10^6 \times (0.50 - 0.10)}{9807} + \frac{6^2 - 5^2}{2 \times 9.8} + 1$$

$$= 42.3(\text{m})$$

答:水泵扬程为42.3m。

2. 解:已知 $N_e = 30\text{kW}, N_1 = 10.0\text{kW}, N_2 = 7.8\text{kW}, I_s = 42\text{A}, I_x = 44\text{A}, Q = 30\text{t}, H = 960\text{m}, g = 9.8\text{m/s}^2$。

$$\eta_d = \frac{N_1}{N_e} \times 100\% = \frac{10.0}{30} \times 100\% = 33.3\%$$

$$\beta = \frac{N_2}{N_e} \times 100\% = \frac{7.8}{30} \times 100\% = 26.0\%$$

$$L = \frac{I_x}{I_s} \times 100\% = \frac{44}{42} \times 100\% = 104.8\%$$

$$\eta_{sys} = \frac{QHg}{86400N_1} \times 100\% = \frac{30 \times 960 \times 9.8}{86400 \times 10.0} \times 100\% = 32.7\%$$

答:该井电动机功率利用率为33.3%,电动机运行负载率为26.0%,平衡度为104.8%,系统效率为32.7%。

节能监测员培训考试题（第4卷）

一、填空题（每空 1 分,共 40 分）

1. 热量通常用符号＿＿来表示。

2. 1t = ＿＿＿ kg。

3. 在加热炉的主要参数中,单位时间内通过加热炉内被加热介质的量叫＿＿＿。

4. 离心式注水泵铭牌标明泵型号为 D300 - 150 × 11,这台泵的级数为:＿＿＿。

5. 通常的压力表或真空计所指示的压力,不是气体的真正压力,而是＿＿＿＿＿和当地大气压力的差值。

6. 9.8m 高的水柱产生的压力是＿＿＿ MPa。

7. 在交流电路中,电阻是耗能元件,而纯电感或纯电容元件只有能量的＿＿＿＿＿,没有能量的消耗。

8. 工频交流电的变化规律是随时间按＿＿＿函数规律变化的。

9. 电力变压器的额定电压是指＿＿＿＿＿＿＿＿＿。

10. SY/T 6381—2008《加热炉热工测定》规定,加热炉热工测试能量平衡计算燃料发热值基准为＿＿＿＿＿＿＿＿＿。

11. 正平衡测量法也称为＿＿＿＿＿或输入输出法。

12. 电动机＿＿＿＿＿与其额定功率之比称为负载系数,用百分数表示。

13. 物体或物质系统因作机械运动而具有的能称为＿＿＿＿。机械能与物体的位置及位置的变化有关,其大小等于物体或物质系统在某一时刻所具有的宏观＿＿＿和宏观＿＿＿的总和。

14. 在交变磁场中,铁磁物质因反复磁化而由磁滞现象引起的能量损耗,称为＿＿＿＿。

15. 单位时间内,通过物体单位横截面积上的热量称为＿＿＿＿＿。

16. 按照正弦规律变化的交流电叫做＿＿＿＿＿。

17. 有功功率与视在功率的比值称为＿＿＿＿。

18. 在锅炉整体型号中,单锅筒立式水管锅炉的代号是＿＿＿。

19. 燃烧就是燃料的可燃元素碳、氢、硫等同空气中的氧气在高温下进行剧烈的化合,放出热量的_____过程。

20. 燃烧过程可分为:着火准备阶段、燃烧阶段和_____三个阶段。

21. 干燥的煤吸热升温发生分解,放出可燃气体,称为_____。

22. 燃油加热升温至闪火后能持续燃烧,这个温度称为_____。

23. 石油的特点是碳和氢的含量很高,灰分和水分的含量很低,所以石油的_____很高。

24. 重油是由不同成分的_____组成的复杂混合物。

25. 离心泵开始工作后,充满叶轮的液体由许多弯曲的____带动旋转。

26. 离心泵叶轮的作用是把泵轴的_____传给液体,变成液体的压能和动能。

27. 煤受热水分蒸发,挥发分析出,剩下的固体物质就是____。

28. 三相异步电动机型号为 Y – 315S – 8,说明这台电动机有____极。

29. 泵的流量是指泵在单位时间内所输送的流体____。

30. 变压器按_____可分为:铜导线变压器、铝导线变压器、半铜半铝变压器。

31. 离心泵的效率为_____与_____之比,用百分数表示。

32. 计量的定义为实现单位统一,____准确可靠的活动。

33. 准确性是____的基本特点,计量技术工作的核心。

34. 玻璃液体温度计是利用液体_____的性质来测量温度的。

35. 压力表读数叫_____,它等于绝对压力减去当地大气压力。

36. 电工测量中,常用的电流表有_____、_____和电动系三种形式。

二、选择题(每题 1 分,共 20 分)

1. 金属导体的电阻( )有关。

(A)导体的长度和截面积　　(B)流过导体的电流

(C)外加电压　　　　　　　(D)电流与电压的乘积

2. 在纯电感的交流电路中,电感与电源之间不停地进行着能量交换,它们之间( )。

(A)消耗能量 　　　　　　(B)不消耗能量

(C)消耗能量可忽略不计 　　(D)消耗能量不能忽略不计

3. 锅炉的蒸发量又叫锅炉( )。

(A)产量 　　(B)能力 　　(C)容量 　　(D)功率

4. 水泵的主要参数是( )和允许气蚀余量。

(A)流量和扬程 　　　　　(B)流量和流速

(C)流速和扬程 　　　　　(D)流量和扬程

5. 企业能量平衡是一项技术基础工作,根据需要定期或不定期进行。因此企业主要耗能设备在技术改造或采用节能措施后( )能量平衡测试。

(A)就可以不用进行 　　　(B)就可以定期或不定期进行

(C)必须要进行 　　　　　(D)暂时不用

6. 企业能量平衡中实测的设备耗能量应分别占企业各种能源(一次能源、二次能源和耗能介质)的( )以上,其余可以采用统计计算方法。

(A)50% 　　(B)75% 　　(C)90% 　　(D)60%

7. 任意时刻流入任意节点的所有电流的代数和( )。

(A)为零 　　(B)为无穷大 　(C)为负数 　(D)为正数

8. 企业消耗的一次能源量,均按煤的( )换算为标准煤量。

(A)应用基低位发热量 　　(B)应用基高位发热量

(C)质量 　　　　　　　　(D)重量

9.1kg 标准煤的热当量值,在中国按( )kcal 计算。

(A)8000 　　(B)6000 　　(C)6100 　　(D)7000

10. 在锅炉效率测试中,锅炉额定负荷的110%以上( )。

(A)不测试 　　　　　　　(B)可测可不测

(C)应测试一次 　　　　　(D)测试次数越多越好

11. 如在室外对加热炉效率进行测试,采用热流计法测加热炉散热损失,应尽量安排在风速( )的条件下进行。

(A)为 0m/s　　　　　　(B)小于 0.5m/s

(C)大于 0.5m/s　　　　(D)在 1.0m/s

12. 变压器铁心采用相互绝缘的薄硅钢片制造,主要目的是为了降低( )。

(A)杂散损耗　(B)铜损　　(C)涡流损失　(D)磁滞损失

13. 在高压和大电流系统中,仪表的容量小而不能直接接在电路中测量,必须通过电压互感器、电流互感器来进行变压和变流。因此,在仪表读数与被测量的实际值之间,就出现了倍数关系,这个倍数的大小决定组配的电压互感器和电流互感器的变压比、变流比,而仪表的倍率等于这两者之( )。

(A)差　　　　(B)和　　　　(C)商　　　　(D)乘积

14. GB/T 3485—1998《评价企业合理用电技术导则》中规定,企业受电端至用电端设备的线损率指标一次变压在( )以下。

(A)3.5%　(B)5.5%　(C)7.0%　(D)10%

15. 在电能平衡测算时,体系各用电设备的电能测试必须测试其( )。

(A)最大值　　(B)平均值　　(C)瞬时值　　(D)动态累计值

16. 变压器的额定容量指变压器的( )。

(A)有功功率　(B)无功功率　(C)视在功率　(D)总功率

17. 电力变压器的额定电压是指( )。

(A)线电压有效值　　　　(B)线电压最大值

(C)相电压有效值　　　　(D)相电压最大值

18. 380/220V 低压供电系统是指( )。

(A)线电压 220V,相电压 380V

(B)线电压 380V,相电压 220V

(C)线电压、相电压均为 380V

(D)线电压、相电压均为 220V

19. 按照 SY/T 6275—2007《油田生产系统节能监测规范》的要

求,抽油机井节能监测项目中平衡度 L 的合格指标为( )。

（A）80% < L < 120%　　　　（B）80% < L < 110%

（C）80% ≤ L ≤ 120%　　　　（D）80% ≤ L ≤ 110%

20. 按照 ST/T 6275—2007《油田生产系统节能监侧规范》的要求,注水地面系统节能监项目为( )。

（A）功率因数、机组效率、系统效率、节流损失率

（B）功率因数、机组效率、系统效率

（C）功率因数、机组效率、节流损失率

（D）功率因数、系统效率、节流损失率

三、简答题（每题 5 分,共 20 分）

1. 天然气的基本组成成分有哪些?

2. 油田生产基本工艺有哪些?

3. 什么叫比热容?

4. 提高功率因数的方法有哪些?

四、计算题（每题 10 分,共 20 分）

1. 一个三角形连接的对称负载,接到 380V/220V 三相交流电源上,线电流为 5A,功率表读数为 2797W,试求相电流和负载的功率因数?

2. 对某锅炉进行烟气采样后得 V_{RO_2} 为 4.15% , V_{O_2} 为 13.45% , V_{CO} 为 0.15% ,求其过剩空气系数?

第4卷答案

一、填空题

1. Q　　2. 1000　　3. 流量　　4. 11　　5. 绝对压力　　6. 0.1

7. 往复交换　　8. 正弦　　9. 线电压的有效值　　10. 收到基低位发热值　　11. 直接测量法　　12. 输出功率　　13. 机械能;动能势能　　14. 磁滞损耗　　15. 热流密度　　16. 正弦交流电

17. 功率因数　　18. DL　　19. 化学反应　　20. 燃尽阶段

21. 挥发分　　22. 燃点(或着火点)　　23. 发热量　　24. 碳氢化合物　　25. 叶片　　26. 机械能　　27. 焦炭　　28. 8　　29. 体积

30. 导体材质　　31. 有效功率;轴功率　　32. 量值　　33. 计量

34. 热胀冷缩　　35. 表压力　　36. 磁电系;电磁

二、选择题

1. A	2. B	3. C	4. A
5. C	6. B	7. A	8. A
9. D	10. C	11. B	12. C
13. D	14. A	15. D	16. C
17. A	18. B	19. D	20. A

三、简答题

1. 答:天然气主要成分是甲烷,还含有少量乙烷、丁烷、戊烷、二氧化碳、一氧化碳、硫化氢等。通常将含甲烷高于90%的称为干气,含甲烷低于90%的称为湿气。

2. 答:主要有注入生产工艺(包括注水、注聚、注汽等)、机械采油生产工艺、油气集输生产工艺(包括分井计量、油气水分离、原油脱水、原油稳定、原油输送、加热等)、天然气处理生产工艺。

3. 答:比热容又称质量比热,是单位质量物质的热容量,即单位质量物体改变单位温度时吸收或释放的热量。比热容是表示物质热性质的物理量,通常用符号 c 表示。

4. 答:(1)提高用电负荷自身的功率因数。一种方法是提高用电负荷的负载率;另一种方法是采用具有较高功率因数的电动机和变压器。(2)无功补偿。

四、计算题

1. 解:

(1)相电流为:

$$I_{\varphi} = \frac{I_1}{\sqrt{3}} = \frac{5}{\sqrt{3}} = 2.89(\text{A})$$

(2)负载的功率因数为:

$$\cos\varphi = \frac{P}{\sqrt{3}UI} = \frac{2797}{\sqrt{3} \times 380 \times 5} = 0.85$$

答:相电流为2.89A,负载的功率因数为0.85。

2. 解：

$$\alpha = \cfrac{0.21}{0.21 - 0.79 \times \cfrac{V_{O_2} - 0.5V_{CO}}{1 - (V_{RO_2} + V_{O_2} + V_{CO})}}$$

$$= \cfrac{0.21}{0.21 - 0.79 \times \cfrac{13.45\% - 0.5 \times 0.15\%}{1 - (4.15\% + 13.45\% + 0.15\%)}}$$

$$= 2.58$$

答：过剩空气系数为 2.58。

节能监测员培训考试题(第5卷)

一、填空题(每空1分,共40分)

1. 欧姆定律是电路的最基本定律之一,它表明流过电阻两端的电流和____的关系。

2. 加热炉按_____可分为燃油加热炉、燃气加热炉、油气两用加热炉。

3. 锅炉热平衡试验必须在运行工况____的情况下进行。

4. 电动机型号 Y－225M－2 中 Y 代表:_____。

5. 压力表读数叫_____,它等于绝对压力减去当地大气压力。

6. 泵输出功率与泵出口调节阀后有效功率之差与泵输出功率的比值称为_____,用百分数表示。

7. _____是用仪器测得的抽油机悬点载荷与其冲程位移变化的关系曲线。

8. 电力变压器的空载损耗是指变压器的____。

9. 电力变压器一、二次电流之比与绕组匝数成____。

10. SY/T 6381—2008《加热炉热工测定》适用于油气田和长输管道使用的以_____为燃料的加热炉。

11. 反平衡测量法也称为_____或热损失法。

12. 根据 GB/T 2589《综合能耗计算通则》中的规定,气田天然气折标准煤参考系数为_____。

13. 物体因内部微观粒子的热运动而具有的能称为____。内能与物质的热运动相联系,其大小等于宏观物体内所有分子热运动的动能,分子间相互作用的势能以及分子内原子、电子等运动的能量总和。

14. 能源按开发利用状况分为:(1)_____(如煤、石油、天然气、水能、生物能);(2)_____(如核能、地热、海洋能、太阳能、沼气、风能)。

15. 不确定度越__,所述结果与被测量的真值越接近,质量越高,水平越高,其使用价值越高;不确定度越__,测量结果的质量越低,水平越低,其使用价值也越低。

16. 当＿＿＿减小时,电容释放电场能并转换为电能。

17. 交流电是指大小和方向随＿＿＿作周期变化的电流。

18. 物体能量大小的变化可以用＿＿来衡量。

19. 煤炭、石油、天然气、水能、风能等未经人类加工的能源叫＿＿＿＿能源。

20. 因工艺或环境保护的需要,或为方便输送等原因,常有必要对一次能源进行加工或转换使之成为＿＿＿＿＿＿＿＿。

21. 卧式圆筒形管式加热炉的型式代号为＿＿＿＿。

22. 在加热炉型号中,被加热介质代号 Y 代表＿＿＿＿。

23. 锅炉用煤通常以＿＿＿＿＿＿＿＿的含量为主要依据进行分类,一般可分为无烟煤、烟煤、贫煤、褐煤等。

24. 1kg 应用基燃料完全燃烧,而又无过剩氧存在时所需的空气量,称为＿＿＿＿＿＿＿。

25. 燃料燃烧的生成物包括＿＿＿和灰。

26. 离心泵铭牌标明泵型号为 D250 - 150 * 10,这台泵的扬程是:＿＿＿＿＿＿。

27. 离心式注水泵铭牌标明泵型号为 D300 - 150 * 11,这台泵的级数为:＿＿＿＿。

28. 泵的轴功率就是动力机输入到＿＿＿＿的功率。

29. 变压器按＿＿＿＿数量可分为:双绕组变压器、三绕组变压器、单绕组变压器。

30. 一台三相异步电动机型号 Y - 280S - 8,同步转速为＿＿＿＿ r/min,它的额定功率是＿＿＿＿。

31. 为了使计量结果准确可靠,任何量值都必须溯源于该量值的＿＿＿＿。

32. 测量管径最适合的计量器具是＿＿＿＿。

33. 在进行直流电压测量时,仪表必须与负载＿＿联。

34. 通常的压力表或真空计所指示的压力,不是气体的真正压力,而是＿＿＿＿＿＿＿＿和当地大气压力的差值。

35. 真空计所示读数叫做＿＿＿＿＿＿,它等于当地大气压力减去绝对压力。

36. 叶轮式流量计是根据流体以一定流速流经叶轮时,使叶轮产生一定的____的原理制成的。测定水流量时多采用叶轮式流量计。

37. 在进行交流电压测量时,电压互感器的二次侧绝对不允许____。

二、选择题(每题1分,共20分)

1. 一般具有电感性负载的功率因数( )。

(A)>1　　　(B)=1　　　(C)<1　　　(D)不确定

2. 磁感应强度的单位是( )。

(A)韦伯(Wb)　　　　　　(B)特斯拉(T)

(C)亨/米(H/m)　　　　　(D)安/米(A/m)

3. 水泵的扬程是指单位( )的液体通过泵时所获得的( )。

(A)质量、总能量　　　　　(B)质量、势能

(C)时间、总能量　　　　　(D)时间、势能

4. 泵( )是指在单位时间内输送液体的数量。

(A)扬程　　　(B)功率　　　(C)效率　　　(D)流量

5. 在当今人类社会,( )已成为应用最广泛、使用最方便最清洁的一种二次能源。

(A)太阳能　　　(B)地热能　　　(C)电能　　　(D)水能

6. 三相电源是由最大值相等、频率相同、彼此具有( )相位差的三个正弦电动势按照一定方式连接而成。

(A)60°　　　(B)90°　　　(C)120°　　　(D)240°

7. 目前工农业生产所用的动力电源,几乎全部采用( )电源。

(A)直流　　　(B)单相交流　　(C)两相交流　　(D)三相交流

8. 锅炉炉膛中的热量主要以( )方式进行传递。

(A)传导　　　(B)对流　　　(C)辐射　　　(D)冲刷

9. 锅炉尾部受热面处的热量主要以( )方式进行传递。

(A)传导　　　(B)对流　　　(C)辐射　　　(D)冲刷

10. 金属表面结垢后,导热能力会变差,是由于水垢的导热能力比( )的低。

(A)烟灰　　　(B)水　　　(C)钢　　　(D)空气

11. 锅炉燃烧不好,积存在烟道内的可燃物及( )就会发生二次燃烧或烟气爆炸。

(A)燃料煤　　　(B)积炭　　　(C)可燃气体　(D)烟气余热

12. 企业电能平衡需要把企业的用电收支两个方面的实际情况反映出来,收入和支出都要反映( )的情况。

(A)有功功率　　　　　　(B)无功功率

(C)视在功率　　　　　　(D)有功功率和无功功率

13.《油田电力网网损率测试计算方法》的标准号为( )。

(A)SY/T 5268　　　　　(B)SY/T 5265

(C)SY/T 5264　　　　　(D)SY/T 6066

14. 机械采油井的有效功率是指( )功率。

(A)电动机的输入

(B)电动机的输出

(C)将井内液体输送到地面所需要的

(D)光杆提升液体并克服井下各种阻力所消耗的

15. 抽油机井的光杆功率是指( )功率。

(A)电动机的输入

(B)电动机的输出

(C)将井内液体输送到地面所需要的

(D)光杆提升液体并克服井下各种阻力所消耗的

16. 钳形电流表不适合测量的电压为( )的导线电流。

(A)6kV　　　(B)0.4kV　　　(C)0.22kV　　　(D)24kV

17. 对电动机外壳保护接地的目的是( )。

(A)防止外壳带电时对人体造成伤害

(B)防止电动机超载

(C)起缺相保护作用

(D)防止电动机温升过高

18. 电动机的启动电流( )额定电流。

(A)远远低于　(B)略微低于　(C)基本等于　(D)高于

19. 按照 SY/T 6275—2007《油田生产系统节能监测规范》的要求,供配电系统节能监测项目中油田生产电网线损率[6(10)kV]的合格指标为(　　)。

(A)≤4.0%　(B)≤6.0%　(C)≤8.0%　(D)≤10.0%

20. 按照 SY/T 6275—2007《油田生产系统节能监测规范》的要求,供配电系统节能监测项目中对变压器功率因数限定值要求最低的是(　　)。

(A)主变压器　　　　　　　(B)电泵井变压器
(C)抽油机配电变压器　　　(D)一般生产用配电变压器

三、简答题(每题 5 分,共 20 分)

1. 什么叫焓?

2. 什么叫节能量?

3. 监测仪器准确度的表示方法有哪些?

4. 什么叫泵挂深度? 什么叫动液面深度? 什么叫沉没度? 三者关系是什么?

四、计算题(每题 10 分,共 20 分)

1. 某线路视在功率 S 为 5kV·A,有功功率 P 为 4kW,求无功功率?

2. 已知某锅炉的固体不完全燃烧热损失 q_4 为 16%,气体不完全燃烧热损失 q_3 为 0.5%,散热损失 q_5 为 1.8%,排烟热损失 q_2 为 8.38%,其他散热损失 q_6 为 0.35%,则此锅炉的热效率是多少?

第 5 卷答案

一、填空题

1. 电压　2. 使用燃料　3. 稳定　4. 异步电动机　5. 表压力　6. 泵出口阀流损失率　7. 示功图　8. 铁损　9. 反比　10. 固体、液体或气体　11. 间接测量法　12. 1.2143kgce/m³　13. 内能　14. 常规能源;新能源　15. 小;大　16. 电压　17. 时间　18. 功　19. 一次　20. 二次能源　21. GW

22. 原油   23. 可燃基挥发分   24. 理论空气量   25. 烟气

26. 1500m   27. 11   28. 泵轴   29. 绕组   30. 740;37kW

31. 基准   32. 卡尺   33. 并   34. 绝对压力   35. 真空度

36. 转速   37. 短路

二、选择题

1. C	2. B	3. A	4. D
5. C	6. C	7. D	8. C
9. B	10. C	11. C	12. D
13. A	14. C	15. A	16. A
17. A	18. D	19. B	20. C

三、简答题

1. 答:工质的热力状态参数之一,表示工质所含的全部热能,等于该工质的内能加上其体积与绝对压力的乘积。

2. 答:满足同等需要或达到相同目的的条件下,使能源消费减少的数量。企业节能量的多少是衡量其节能管理成效的一个主要标志,也是考察节能降耗和污染减排的一个主要手段。

3. 答:(1)绝对误差:是指测量结果(仪器显示值)与"真实值"之差。(2)相对误差:是指仪器显示值的绝对误差与相应实际值的百分比(也称为读数误差)。(3)引用误差:是指仪器显示值的绝对误差与仪器最大显示值(或称满量程、满度、上限、f·s)的百分比。

4. 答:泵挂深度是指井口至抽油泵的深度。动液面深度是指油井在正常生产时,井口到油管和套管环形空间的液面深度。沉没度是动液面到抽油泵的深度,沉没度 = 泵挂深度 − 动液面深度。

四、计算题

1. 解:

因 $S = \sqrt{P^2 - Q^2}$,

所以 $Q = \sqrt{S^2 - P^2}$,

则 $Q = \sqrt{5^2 - 4^2} = 3(\text{kvar})$。

答:无功功率为3kvar。

2. 解：

$$\begin{aligned}
\eta &= 100\% - (q_2 + q_3 + q_4 + q_5 + q_6) \\
&= 100\% - (8.38\% + 0.5\% + 16\% + 1.8\% + 0.35\%) \\
&= 72.97\%
\end{aligned}$$

答：锅炉的热效率 η 是 72.97%。

节能监测员培训考试题（第6卷）

一、填空题（每空 1 分，共 40 分）

1. 欧姆定律只适用于____不变的线性电路。

2. 气体不完全燃烧热损失是由于部分一氧化碳、氢、甲烷等_____未完全燃烧放热随烟气排出所造成的损失。

3. 反平衡法是用测定锅炉各项_____的方法来确定锅炉热效率。

4. 泵的流量是指泵在单位时间内所输送的流体____。

5. 在 SI 导出单位中，频率的单位名称是____。

6. 拖动抽油机井运行的电动机的输入功率包括_____和_____。

7. 将井内液体抽汲到地面所需要的功率是_____。

8. 一定时间内，变压器平均输出视在功率与额定容量之比叫_____。

9. 使用电力分析仪 3169 测试三相电力设备时，外接电源时发现电压测试线的线夹熔化，原因为____。

10. GB/T 10180—2003《工业锅炉热工性能试验规程》规定，每次试验的正、反平衡测得的效率之差应不大于____。

11. 比热容的单位符号是_____。

12. GB/T 2589《综合能耗计算通则》中规定电力（当量值）折标准煤参考系数是_____。

13. 导电能力很强的物质称为____，几乎不能导电的物质称为_____；

14. 能源按属性分为：（1）_____（如太阳能、地热、水能、风能、生物能、海洋能）；（2）_____（如煤、石油、天然气、核能、油页岩沥青砂）。

15. 衡量电流强弱的物理量称为_____。

16. 正弦交流电的瞬时功率在一个周期内的____值，称为有功功率。

17. 物质系统的_____发生改变时释放的物质结构能称为化学能,它是对物质化学运动所做的最一般的描述。

18. 动能是物体或物质系统因____而具有的能。

19. 目前电能主要由一次能源通过_____转换而成。

20. 加热炉型号的第三部分表示加热炉燃用燃料的种类,其中油气两用的燃料种类代号为____。

21. 通过燃料燃烧,输入锅炉的热量必然等于锅炉的有效利用热量和各项热损失之和,这就构成了锅炉的_____。

22. SI 基本单位共有__个。

23. ____和____的有效值的乘积称为视在功率。

24. 物体或物质系统做功的能力或做功的本领称作__。

25. 炉是指锅炉中把燃料的_____转变为热能的空间和烟气流通的通道(炉膛和烟道)。

26. 在锅炉整体型号中,__的燃料品种代号为 Y。

27. 当同时对锅炉加热炉进行正、反平衡法测热效率时,两种方法所得热平衡效率偏差不得大于____。

28. 碳在完全燃烧时,生成二氧化碳,不完全燃烧时生成_____。

29. 烟煤的含碳量次于无烟煤,烟煤的挥发分含量范围为_____。

30. 电动机型号 Y - 225M - 2 中 Y 代表_____。

31. 离心泵在同一根轴上装有两个或两个以上叶轮,这种泵称作_____。

32. 离心泵铭牌标明泵型号为 D155 - 170 * 11,这台泵的排量为_____。

33. 变压器的____由铁柱和铁轭两部分组成。

34. 测量管线长度最适合的计量器具是_____。

35. 各种环境因素与要求条件不一致造成的误差称作_____。

36. 凡是对_____产生影响的因素,均是测量不准确度的来源。

二、选择题(每题 1 分,共 20 分)

1. 三相四线有功电能表正确计量的功率表达式为( )。

(A)$\sqrt{3}U_{线}I_{线}\cos\varphi$　　　　(B)$\sqrt{3}U_{相}I_{相}\cos\varphi$

(C)$3U_{线}I_{线}\cos\varphi$　　　　(D)$U_{线}I_{线}\cos\varphi/\sqrt{3}$

2. 某电流表的真值是 10.06A,实测结果为 10.02A,所以相对误差是( )。

(A) −0.4%　　(B) +0.4%　　(C) −0.2%　　(D) +0.8%

3. 离心式水泵的流量( )时,扬程有下降的变化。

(A)稳定　　　　　　　(B)增加

(C)先升高后下降　　　(D)下降

4. 泵轴的作用是通过联轴器和电动机相连接,将原动机的转矩传给( )。

(A)轴承　　　(B)泵轴　　　(C)叶轮　　　(D)轴套

5. 三相交流发电机、变压器都较单相交流发电机、变压器( )。

(A)构造复杂、性能差　　　(B)构造复杂、性能优良

(C)构造简单、性能差　　　(D)构造简单、性能优良

6. 在三相电源中,相与相之间的电压称为( )。

(A)线电压　　(B)相电压　　(C)电源电压　　(D)总电压

7. 已知人体电阻最小值为 800Ω,通过人体的电流超过 50mA 就可能造成死亡,那么安全工作电压为( )V。

(A)10　　　(B)40　　　(C)220　　　(D)380

8. 锅炉排烟温度( )是内炉墙损坏的现象之一。

(A)降低　　(B)升高　　(C)突变　　(D)波动

9. 锅炉排烟损失主要与( )有关。

(A)锅炉送风量　　　　　　(B)煤层厚度

(C)排烟温度和过剩空气系数 (D)煤的含水量

10. 要使燃料能完全燃烧,过剩空气系数应采用( )。

(A)过剩空气系数为零　　　(B)过剩空气系数大于 1

(C)过剩空气系数小于 1　　(D)越大越好

11. 由于燃料中的( )存在,不仅使燃料的可燃成分相对减少,

而且在燃烧时还要吸收热量。

(A)氧 　　　　(B)氮 　　　(C)灰分 　　　(D)水分

12. 企业供配电系统节能监测项目有( )。

(A)日负荷率、变压器负载系数、线损率

(B)变压器负载系数、线损率、用电体系功率因数

(C)日负荷率、线损率、用电体系功率因数

(D)日负荷率、变压器负载系数、线损率、用电体系功率因数

13. GB/T 16664—1996《企业供配电系统节能监测方法》规定,对于连续生产的企业,日负荷率应( )。

(A)≥90% 　(B)≥80% 　(C)≥55% 　　(D)≥30%

14. GB/T 16664—1996《企业供配电系统节能监测方法》规定,对于三班制生产的企业,日负荷率应( )。

(A)≥90% 　(B)≥80% 　(C)≥55% 　　(D)≥30%

15. GB/T 16664—1996《企业供配电系统节能监测方法》规定,对于两班制生产的企业,日负荷率应( )。

(A)≥90% 　(B)≥80% 　(C)≥55% 　　(D)≥30%

16. 使用电力分析仪 3169 测试三相电力设备时,电流互感器和电压测试线对应错,会出现( )。

(A)电流测试数值不准 　　(B)电压数值测试不准

(C)功率因数测试不准 　　(D)仪器烧毁

17. 不能改变异步电动机转速的方法是( )。

(A)改变电源频率 　　　(B)改变磁极对数

(C)改变电压 　　　　　(D)改变功率因数

18. 一台电动机的效率高低取决于电动机的( )。

(A)额定功率 　(B)空载损耗 　(C)额定负载 　(D)负载率

19. 按照 SY/T 6275—2007《油田生产系统节能监测规范》的要求,供配电系统节能监测项目有( )。

(A)线损率、网损率、变压器功率因数

(B)线损率、变压器功率因数、变压器负载系数

(C)线损率、网损率、变压器功率因数、变压器负载系数

(D)网损率、变压器功率因数、变压器负载系数

20. 按照 SY/T 6275—2007《油田生产系统节能监测规范》的要求,对注水地面系统节能监测项目依据(　　)来进行划分。

(A)电动机额定功率　　　　　　(B)泵配用功率

(C)泵额定扬程　　　　　　　　(D)泵额定排量

三、简答题(每题 5 分,共 20 分)

1. 抽油机井输入功率测试时为什么要采用能测量负功的仪器?

2. 为什么加热炉在一、二级测试时要同时测试正平衡热效率和反平衡热效率?

3. 根据离心泵的相似原理,离心泵的转速分别与流量、扬程和轴功率存在什么关系?

4. 抽油机系统效率损失主要有哪些?

四、计算题(每题 10 分,共 20 分)

1. 对某锅炉进行烟气采样后得 V_{RO_2} 为 4.15%,V_{O_2} 为 13.45%,V_{CO} 为 0.15%,求其空气系数?

2. 已知电动机输入功率 $P_入$ 为 100kW,负载率为 80%,额定功率为 120kW,求电动机输出功率 $P_出$ 和电动机效率?

第 6 卷答案

一、填空题

1. 阻值　　2. 可燃气体　　3. 热损失　　4. 体积　　5. 赫兹

6. 有功功率;无功功率　　7. 抽油机井有效功率　　8. 变压器平均负载系数　　9. 虚接　　10. 5%　　11. J/(kg·℃)

12. 0.1229kgce/(kW·h)　　13. 导体;绝缘体　　14. 可再生能源;非可再生能源　　15. 电流强度　　16. 平均　　17. 分子结构

18. 运动　　19. 电磁感应　　20. YQ　　21. 热平衡　　22. 7

23. 电流;电压　　24. 能　　25. 化学能　　26. 油　　27. 5%

28. 一氧化碳　　29. 20%~40%　　30. 异步电动机　　31. 多级泵

32. 155m³/h　　33. 铁芯　　34. 钢卷尺　　35. 环境误差

36. 测量结果

二、选择题

1. A	2. A	3. B	4. C
5. D	6. A	7. B	8. B
9. C	10. B	11. D	12. D
13. A	14. B	15. C	16. C
17. D	18. D	19. B	20. D

三、简答题

1. 答:负功可能被电网中的其他用电设备利用,不计负功影响系统效率的真实性,同时电动机运行效率的计算需要用到从电网吸收的真实功率。

2. 答:正平衡试验只能求出锅炉的热效率,而不能得出各项热损失,不能找出原因,无法提出改进的措施。反平衡热效率有利于对锅炉进行全面的分析,找出影响热效率的各种因素,提出提高热效率的途径。

3. 答:(1)流量和转速成正比。(2)扬程与转速的平方成正比。(3)轴功率与转速的立方成正比。

4. 答:(1)电动机损失。(2)皮带损失。(3)减速箱损失。(4)四连杆机构功率损失。(5)密封盒功率损失。(6)抽油杆功率损失。(7)抽油泵功率损失。

四、计算题

1. 解:

$$\alpha = \cfrac{0.21}{0.21 - 0.79 \times \cfrac{V_{O_2} - 0.5 V_{CO}}{1 - (V_{RO_2} + V_{O_2} + V_{CO})}}$$

$$= \cfrac{0.21}{0.21 - 0.79 \times \cfrac{13.45\% - 0.5 \times 0.15\%}{1 - (4.15\% + 13.45\% + 0.15\%)}}$$

$$= 2.58$$

答:空气系数为 2.58。

2. 解:

(1)由电动机输出功率计算公式得:

$$P_{出} = P_{额}\beta = 120 \times 80\% = 96(kW)$$

(2)由电动机效率计算公式得:

$$\eta = (P_{出}/P_{入}) \times 100\% = (96/100) \times 100\% = 96\%$$

答:电动机输出功率为96kW,电动机效率为96%。

节能监测员培训考试题(第7卷)

一、填空题(每空1分,共40分)

1. 电流通过____所做的功叫电功。

2. 散热损失是炉体表面温度____周围环境温度,将热量散失于环境中所形成的热损失。

3. 离心泵叶轮的作用是把泵轴的_____传给液体,变成液体的压能和动能。

4. 离心泵的效率为泵输出有效功率与_____之比的百分数。

5. 压力的单位"帕斯卡"的单位符号是____。

6. 使用钳形电流表测量电流时,为使读数准确,钳口铁心的两个面应保证_____。

7. 测试手工电弧焊,焊条融化不少于__根。

8. 抽油机井运行时,下冲程的最大电流与上冲程的最大电流之比叫_____。

9. 注水泵站、注水管网、配水间及注水井等组成的系统是_____。

10. GB/T 10180—2003《工业锅炉热工性能试验规程》规定,燃煤锅炉两次试验测得正平衡效率之差应不大于____。

11. 焓值的单位符号是_____或_____。

12. 导电能力介于导体和绝缘体之间的物质称为_____。

13. 能源按转换传递过程分为:(1)_____,直接来自自然界的能源(如煤、石油、天然气、水能、风能、核能、海洋能、生物能);(2)_____(如沼气、汽油、柴油、焦炭、煤气、蒸汽、火电、水电、核电、太阳能发电、潮汐发电、波浪发电等)。

14. 将各相电源或负载的一端都接在一点上,而它们的另一端作为引出线,分别为三相电的三个相线,这种接法叫做_____。

15. 电荷的定向移动形成____。

16. 交流电路中任一瞬间的功率称为_____。

17. 正弦交流电包含三个要素:_____、_____、_____。

18. 摩擦生热是把____能转化为热能。

19. 节能的_____一是节约资源,杜绝浪费;二是保护环境,改善生活条件。

20. 直接节能是指通过加强能源的科学管理和推动技术进步,降低生产和生活中_____的能源量。

21. 1in = ____ mm。

22. 加热炉按_____可分为原油加热炉、天然气加热炉、含水原油加热炉、掺水加热炉等。

23. 锅炉按____可分为燃煤锅炉、燃油锅炉、燃气锅炉。

24. 在各种燃煤中,无烟煤的含碳量____。

25. 电流表的量程取决于被测电流的大小,所选的量程必须____被测电流的值。

26. 误差按照其表示形式可以分为绝对误差和_____。

27. 压力的单位"帕斯卡"的单位符号是____。

28. 7 个 SI 基本单位物理量名称为长度、质量、____、____、_____、物质的量、发光强度。

29. 节能监测的工作内容概括起来就是____、____、____三个方面。

30. 锅炉型号 SZS10 - 13/250 - YQ2 表示这台锅炉的蒸发量为_____。

31. ___是煤中最主要的可燃元素,也是煤的最基本的成分。

32. 在使用流量计测量管线内液体流量时,应在____管段上安装,以免流量计进出口阻力不同而造成计量误差。

二、选择题(每题 1 分,共 20 分)

1. 钳形电流表是一种特殊的便携式电表,它可以在( )。

(A)不切断电路的情况下测量电流

(B)切断电路的情况下测量电流

(C)切断或不切断电路的情况下测量电流

(D)可以对任何电路进行测量

2. 3169 的安全操作温度为( )℃。

(A)0~20　　(B)0~30　　(C)0~40　　(D)0~50

3. 离心式水泵的( )是最重要的工作部件,它从电动机上获得能量,又将此能量传递给液体。

(A)泵壳　　(B)泵轴　　(C)叶轮　　(D)联轴器

4. 离心式水泵主要由外壳和装于其中的( )组成。

(A)叶轮　　(B)锅壳　　(C)导叶　　(D)吸入管

5. 正弦量的一个周期为( )弧度。

(A)$\pi/2$　　(B)π　　(C)2π　　(D)4π

6. 电阻 R_1 和 R_2 串联,在电流和电压都不变的条件下,等效电阻 R 可表示为( )。

(A)$R = R_1/R_2$　　　　　　(B)$R = R_1 + R_2$

(C)$R = R_1 - R_2$　　　　　　(D)$R = R_1 R_2$

7. 电阻 R_1 和 R_2 并联,在电流和电压都不变的条件下,等效电阻 R 可表示为( )。

(A)$R = R_1/R_2$　　　　　　(B)$R = (R_1 R_2)/(R_1 + R_2)$

(C)$R = (R_1 - R_2)/(R_1 + R_2)$　(D)$R = R_1 R_2$

8. 燃烧过程是一个( )的综合过程。

(A)物理　　　　　　　　(B)化学

(C)物理—化学　　　　　(D)热

9. 由于燃料中存在( ),在燃烧时吸收热量,使燃料着火困难,并增大排烟带走的热损失。

(A)氧　　(B)氮　　(C)灰分　　(D)水分

10. 锅炉、加热炉的热效率为( )与输入总热量之比的百分数。

(A)各项热损失　　　　　(B)蒸发量

(C)有效利用热量　　　　(D)供热量

11. 燃料的发热量,一般在专门的实验室用氧弹测热计测得,并将其换算成( )低位发热量,供热平衡计算之用。

(A)分析基　　(B)干燥基　　(C)可燃基　　(D)应用基

12. GB/T 16664—1996《企业供配电系统节能监测方法》规定,对于一班制生产的企业,日负荷率应( )。

(A)≥90%　　(B)≥80%　　(C)≥55%　　(D)≥30%

13. GB/T 16666—1996《泵机组液体输送系统节能监测方法》适用于( )电动机拖动的离心泵及其液体输送系统的节能监测。

(A)1kW 及以上　　　　　　(B)5kW 及以上

(C)5kW 及以下　　　　　　(D)10kW 及以下

14. 凡是和热现象及热过程有关的设备通称( )设备。

(A)安全　　(B)环保　　(C)热　　　(D)节能

15. ≥50~250kW 电动机拖动的离心泵及其液体输送系统,其泵机组效率合格指标为( )。

(A)≥37%　　(B)≥44%　　(C)≥51%　　(D)≥60%

16. 离心泵是靠叶轮旋转使水受( )作用,将水输送出去。

(A)离心力　　(B)向心力　　(C)重力　　(D)惯性

17. 在离心泵的各部件中,提高液体能量的重要部件是( )。

(A)泵壳　　(B)联轴器　　(C)叶轮　　(D)轴

18. 两台离心泵并联运行的条件是( )相同。

(A)流量　　(B)扬程　　(C)转速　　(D)功率

19. 根据 SY/T 6381—2008《加热炉热工测定》的规定,对于加热炉炉体表面温度的测量,测点布置应具有代表性,一般 0.5~1.0m² 一个测点,取其算数平均值进行计算。在炉门、烧嘴孔、焊孔等附近,边距( )mm 范围内不应布置测点。

(A)100　　(B)200　　(C)300　　(D)400

20. GB/T 10180—2003《工业锅炉热工性能试验规程》中规定,在进行锅炉定型试验和验收试验时,基准温度一般选为( )。

(A)0℃　　　　　　　　　　(B)20℃

(C)25℃　　　　　　　　　　(D)测试地点环境温度

三、简答题(每题 5 分,共 20 分)

1. 泵机组节能监测测试项目主要有哪些?

2. 什么是能源审计?

3. 什么是水平衡测试?

4. 周期、频率、角频率三者的关系如何?

四、计算题(每题 10 分,共 20 分)

1. 某锅炉的效率 η 为 75% ,每小时消耗燃料量 B 为 1500kJ/h,每千克燃料带入锅炉的热量 q 为 25000kJ/kg。问锅炉每小时有效吸收热量 Q 是多少?

2. 已知一抽油机井,输入功率为 11.19kW,有效功率为 2.515kW,求单井系统效率?

第7卷答案

一、填空题

1. 负载　2. 高于　3. 机械能　4. 泵轴功率　5. Pa
6. 紧密吻合　7. 三　8. 抽油机井的平衡度　9. 注水地面系统　10. 3%　11. kJ/kg;kJ/m³　12. 半导体　13. 一次能源;二次能源　14. 星形接法　15. 电流　16. 瞬时功率　17. 最大值;角频率;初相位　18. 机械　19. 根本目的　20. 直接消耗　21. 25.4　22. 被加热介质　23. 燃料　24. 最高　25. 大于　26. 相对误差　27. Pa　28. 时间;电流;热力学温度　29. 检查;测试;评价　30. 10t/h　31. 碳　32. 平直

二、选择题

1. A	2. C	3. C	4. A
5. C	6. B	7. B	8. C
9. D	10. C	11. D	12. D
13. B	14. C	15. B	16. A
17. C	18. B	19. C	20. D

三、简答题

1. 答:(1)电参数:电动机输入功率、电动机功率因数。

(2)压力参数:泵进、出口压力。

(3)流量参数:泵出口流量。

(4)其他参数:泵进、出口压力表距泵轴垂直高度,泵进、出口管径。

2. 答:审计单位依据国家有关的节能法规和标准,对企业和其他用能单位能源利用的物理过程和财务过程进行的检验、核查和分析评价。

3. 答:对用水单元和用水系统的水量进行系统的测试、统计、分析得出水量平衡关系的过程。

4. 答:周期 T、频率 f、角频率 ω 三者之间的关系如下:

$$\omega = 2\pi f = \frac{2\pi}{T}$$

$$T = \frac{1}{f}$$

$$f = \frac{1}{T}$$

四、计算题

1. 解:

$$Q = Bq\eta = 25000 \times 1500 \times 75\% = 28125 \times 10^3 (\text{kJ/h})$$

答:锅炉每小时有效吸热量 Q 是 $28125 \times 10^3 \text{kJ/h}$。

2. 解:由单井系统效率计算公式得:

$$\eta = P_{有}/P_{入} \times 100\% = (2.515/11.19) \times 100\% = 22.48\%$$

答:单井系统效率为 22.48%。

节能监测员培训考试题(第 8 卷)

一、填空题(每空 1 分,共 40 分)

1. 电功用符号__表示。

2. 在锅炉整体型号中,气体的燃料品种代号为__。

3. 随着液体的不断排出,在离心泵的叶轮中心形成____,吸入池中的液体在大气压力作用下,通过吸入管源源不断地流入叶轮中心,再由叶轮甩出。

4. 离心泵在泵轴上只有一个____,称作单级泵。

5. 电压的单位"伏特"的单位符号是__。

6. 电动机运行时,1kvar 无功功率所引起的电网有功功率损耗叫____。

7. 电动机输出功率与额定功率之比,用百分数表示的负载系数称为____。

8. 注水泵的有效功率与注水泵电动机输入功率的比值是____。

9. 以企业为考察对象的水量平衡,即该企业各用水单元或系统的输入水量之和应等于输出水量之和叫____。

10. GB/T 10180—2003《工业锅炉热工性能试验规程》规定,燃煤锅炉两次试验测得反平衡效率之差应不大于____。

11. GB 15316—2009《节能监测技术通则》规定,节能监测应在_____、_____的条件下进行,测试工况要与生产过程相适应。

12. 离心泵的铭牌参数主要有:____、____、允许吸上真空高度、转数、轴功率和____ 6 项。

13. 天然气主要成分是____,还含有少量乙烷、丁烷、戊烷、二氧化碳、一氧化碳、硫化氢等。

14. 将各相电源或负载依次首尾相连,并将每个相连的点引出,作为三相电的三个相线,这种接法叫做三相电的_____。

15. 电流是____有规则的定向移动,并规定_____流动的方向为电流的方向。

16. 单位时间电流所做的功叫做_____。

17. 当____增加时,电容吸收电源的电能并转换为电场能储存起来,电容进行充电。

18. 节能的中心思想是:采用技术上可行、_____合理及环境和社会可以接受的措施,来更有效地利用能源资源。

19. 能源是国民经济发展和社会进步最基本的_____。

20. 当今人类利用的一次能源中 90% 是_____的化石矿物资源。

21. 气体不完全燃烧热损失是由于部分一氧化碳、氢、甲烷等_____未完全燃烧放热随烟气排出所造成的损失。

22. 散热损失是炉体表面温度____周围环境温度,将热量散失于环境中所形成的热损失。

23. 锅炉型号 SZS10 – 13/250 – YQ2 表示这台锅炉的蒸发量为_____。

24. __是煤中最主要的可燃元素,也是煤的最基本的成分。

25. 在使用流量计测量管线内液体流量时,应在____管段上安装,以免流量计进出口阻力不同而造成计量误差。

26. 1calIT(国际蒸汽表卡)= ____ J。

27. 势能既和物体之间的相互作用有关,又和物体之间的_____有关。

28. 在锅炉整体型号中,无烟煤的燃料品种代号为__。

29. 1kg 燃料完全燃烧时放出的全部热量称为_____,它包括燃料燃烧时产生的水蒸气的气化潜热。

30. 离心泵的叶轮只有一个吸入口,这种泵称作_____。

31. 在泵效测试中,进出口压力表高度差的测量属于____计量。

32. 电阻的单位名称是____,符号是__,1Ω = __ V/A 。

33. 在 SI 基本单位中,长度的单位名称是__,单位符号是__。

二、选择题(每题1分,共20分)

1. 3169钳位功率计使用的9661型钳位传感器的最大量程为(　)A。

(A)300　　　(B)400　　　(C)500　　　(D)600

2. 锅炉分(　)和炉两部分。

(A)锅壳　　　(B)锅筒　　　(C)锅　　　(D)油燃烧器

3. 离心式水泵的种类按叶轮数目分为(　)和(　)两大类。

(A)单吸泵、双吸泵　　　　　(B)单级泵、多级泵

(C)卧式泵、立式泵　　　　　(D)封闭式、敞开式

4. 负载系数是指(　)与(　)的比值。

(A)实际输出功率、实际输入功率

(B)实际输出功率、额定输出功率

(C)实际输入功率、额定输出功率

(D)综合输入功率、额定输出功率

5. 补偿电容器的容量单位符号一般用(　)来表示。

(A)kva　　　(B)kvar　　　(C)F　　　(D)C

6. 提高用电负荷的(　),是提高用电负荷自身的功率因数方法之一。

(A)功率　　　(B)电压　　　(C)负载率　　　(D)电流

7. 星形接法的三相电源,其火线与中线(零线)之间的电压称为(　)。

(A)线电压　　　(B)相电压　　　(C)电源电压　　　(D)总电压

8.《加热炉热工测定》的标准号和年代号为(　)。

(A)GB/T 3384—1981　　　(B)GB 10180—1988

(C)SY/T 7503—1985　　　(D)SY/T 6381—2008

9.《工业锅炉热工试验规范》的标准号和年代号为(　)。

(A)GB/T 6422—2008　　　(B)GB 10180—2003

(C)GB/T 15317—1994　　　(D)GB/T 6381—2008

10. 锅炉、加热炉运行中的( )是影响排烟热损失的主要因素。

(A)排烟温度和过剩空气系数 (B)燃料质量

(C)燃烧完全与否 (D)烟道位置

11. 锅炉运行以火焰呈( )为理想工况。

(A)杏黄色 (B)暗红色 (C)白亮 (D)蓝色

12. 抽油机专用永磁同步电动机的额定功率因数设计在( )左右。

(A)0.85 (B)0.90 (C)0.95 (D)0.98

13. 标准压力表的精度应不低于( )。

(A)0.25 级 (B)0.5 级 (C)1.0 级 (D)1.5 级

14. 测量单相有功电能时,可以采用( )。

(A)单相有功电能表 (B)两元件三相有功电能表

(C)三元件三相有功电能表 (D)无功电能表

15. 小误差出现的概率比大误差出现的概率大,这种特性称为正态分布的随机误差的( )。

(A)单峰性 (B)对称性 (C)抵偿性 (D)不对称性

16. 风机全压是测量风机的( )后计算出来的。

(A)静压和流压 (B)流压和动压

(C)静压和动压 (D)干压和动压

17. 风机变速调节是依靠降低风机转速,使其( ),来达到调节作用。

(A)压头减少,风量增大 (B)压头增大,风量减少

(C)压头和风量同时增大 (D)压头和风量同时减少

18. 风机的变频调速原理是通过改变风机的( )来实现风机的调节的。

(A)容量 (B)型号 (C)转速 (D)结构

19. SY/T 6275—2007《油田生产系统节能监测规范》中规定,加热炉炉体表面温度指标限定值为( )℃。

(A)20 (B)50 (C)80 (D)100

20. 加热炉热工测试的基本方法分为( )法和反平衡法两种。

(A)分析　　　(B)化验　　　(C)正平衡　　　(D)物理

三、简答题(每题 5 分,共 20 分)

1. 什么是过剩空气系数? 在锅炉热平衡测试中通过测试哪些参数求得过剩空气系数? 试写出求得过剩空气系数的公式。

2. 提高功率因数的方法有哪些?

3. 摄氏温度和热力学温度之间的数值关系式是什么?

4. 节能监测的定义是什么?

四、计算题(每题 10 分,共 20 分)

1. 某抽油机井输入功率 $N_{输入}$ 为 9.8kW,油井液体密度为 0.93t/m³,抽油机井有效扬程为 1581.47m,油井产液量 Q 为 10m³/d,试计算该井的系统效率 η(重力加速度 $g = 9.81m/s^2$)。

2. 10t 水经加热炉加热后,它的焓值从 334.9kJ/kg,增至 502.4 kJ/kg,求在加热炉内吸收多少热量?

第8卷答案

一、填空题

1. W　　2. Q　　3. 真空　　4. 叶轮　　5. V　　6. 无功经济当量　　7. 负载率　　8. 注水泵机组效率　　9. 企业水平衡
10. 4%　　11. 生产正常;设备运行工况稳定　　12. 扬程;排量(或流量);效率　　13. 甲烷　　14. 角形接法　　15. 电荷;正电荷
16. 电功率　　17. 电压　　18. 经济上　　19. 物质基础　　20. 不可再生　　21. 可燃气体　　22. 高于　　23. 10t/h　　24. 碳
25. 平直　　26. 4.1868　　27. 相对位置　　28. W　　29. 高位发热量　　30. 单吸泵　　31. 长度　　32. 欧姆;Ω;1　　33. 米;m

二、选择题

1. C　　　2. C　　　3. B　　　4. B

5. B　　　6. C　　　7. B　　　8. D

9. B　　　10. A　　　11. A　　　12. D

| 13. B | 14. A | 15. A | 16. C |
| 17. D | 18. C | 19. B | 20. C |

三、简答题

1. 答:(1)过剩空气系数是指实际送入锅炉的空气量与理论需求空气量的比值。(2)在锅炉热平衡测试时,通过测烟气成分即 RO_2,O_2 和 CO 含量,用公式计算求得。(3)近似地求过剩空气系数 α 的公式如下: $\alpha \approx \dfrac{0.21}{0.21 - V_{O_2}}$,式中 V_{O_2} 是所求部位的烟气含氧量。

2. 答:(1)提高用电负荷自身的功率因数。一种方法是提高用电负荷的负载率;另一种方法是采用具有较高功率因数的电动机和变压器。(2)无功补偿。

3. 答: $T(K) = t(℃) + 273.15$ 。

4. 答:节能监测是指根据国家有关节约能源的法律法规(或行业、地方规定)和能源标准,对用能单位的能源利用状况所进行的监督、检查、测试和评价工作。

四、计算题

1. 解:

$$N_{有效} = \rho_{液} gQH/86400$$
$$= 10 \times 1581.47 \times 0.93 \times 9.81/86400 = 1.67(kW)$$

$$\eta = N_{有效}/N_{输入} \times 100\% = 1.67/9.8 \times 100\% = 17.04\%$$

答:该井的系统效率为17.04%。

2. 解:

$$q = h_{进} - h_{出} = 502.4 - 334.9 = 167.5(kJ/kg)$$
$$Q = Dq = 10 \times 167.5 \times 10^3 = 1.675 \times 10^6(kJ)$$

答:10t 水在加热炉中吸收 1.675×10^6 kJ 热量。

节能监测员培训考试题(第9卷)

一、填空题(每空1分,共40分)

1. 单位时间电流所做的功叫做_____。

2. 在锅炉整体型号中,____的燃料品种代号为Y。

3. 离心泵铭牌标明泵型号为 D250 – 150 × 10,这台泵的扬程是____。

4. 离心泵在同一根轴上装有两个或两个以上叶轮,这种泵称作_____。

5. 电流的单位"安培"的单位符号是__。

6. 使用电力分析仪 3166 测试电动机,电动机的额定电流为133A,应将电流量程设为____。

7. 由泵、交流电动机、调速装置、传动机构所组成的总体为_____。

8. 对用水单元和用水系统的水量进行的测试、统计、分析得出水量平衡关系的过程是_____。

9. 漏失水量与新水量的比值叫_____,用百分数表示。

10. GB/T 10180—2003《工业锅炉热工性能试验规程》规定,对于燃油、燃气锅炉各种平衡的效率之差均应不大于____。

11. 根据规定,每千瓦时电量折合当量热值为____ kJ。

12. 离心泵的能量损失主要有_____、容积损失、_____。

13. 天然气中通常将含甲烷含量高于90%的称为____,含甲烷含量低于90%的称为____。

14. 根据 GB/T 16664—1996《企业供配电系统节能监测方法》的规定,一般生产电网线损率:(1)对于一次变压,线损率应在____以下;(2)对于二次变压,线损率应在____以下;(3)对于三次变压,线损率应在____以下;(4)用电体系中单条线路的损耗电量应小于该条线路首端输送的有功电量的____。

15. 传热的三种基本方式为:热传导、_____、_____。

16. 导热系数是物质固有的热物理性质,它表征物质_____的本领。

17. 各种不同形式的能量在转移和转换过程中，它们的总量_____。

18. 电能也可通过燃料电池由氢、煤气、天然气等燃料的_____直接转换而成。

19. 我国人均能源资源占有量不到世界平均水平的____。

20. 能源效率是指终端用户使用能源所得到的____能源量与____的能源量之比。

21. 锅炉按_____可分为低压锅炉、中压锅炉、高压锅炉、亚临界压力锅炉和超临界压力锅炉。

22. 锅炉热平衡试验必须在运行工况____的情况下进行。

23. 燃料的发热量是指单位质量(气体燃料用单位体积)的燃料_____所放出的热量。

24. 当燃料完全燃烧时，烟气的组分有：____，SO_2，N_2，____。

25. 电压的单位"伏特"的单位符号是__。

26. $1V =$ __ W/A。

27. m/s 是节能测试中最常用的____单位符号。

28. 热力学温度的单位"开尔文"的单位符号是__。

29. 在 SI 导出单位中，热量的单位名称是焦耳，单位符号为__。

30. GW2500 - Y/2.5 - Q/Q 型加热炉：额定热负荷为 2500kW，被加热介质为原油，炉管的设计压力为_____，燃料为_____，强制通风，第一次设计。

二、选择题(每题1分，共20分)

1. 通过物质的直接接触，热量从高温物体向低温物体或从物体的高温部分向低温部分传递的过程为(　　)。

(A)传导　　(B)对流　　(C)辐射　　(D)传递

2. 炉的作用是尽量把燃料的热量释放出来，传递给(　　)，产生热量，经锅吸收。

(A)集箱　　(B)锅筒　　(C)受热面　　(D)锅内介质

3. 对于二次变压,线损率应小于(　　)。

(A)2.5%　　　(B)3.5%　　　(C)4.5%　　　(D)5.5%

4. 泵机组液体输送系统的电动机负载率应大于(　　)。

(A)40%　　　(B)50%　　　(C)60%　　　(D)70%

5. 星形接法的三相电源,其相电压有效值 U_P 与线电压有效值 U_l 具有如下关系:(　　)。

(A)$U_l = U_P$　　　　　　　　　(B)$U_l = \sqrt{2}U_P$

(C)$U_l = \sqrt{3}U_P$　　　　　　　(D)$U_l = 3U_P$

6. 在星形接法电路的三相负载中,其相电流 i_p 与线电流 i_l 具有如下关系:(　　)。

(A)$i_l = i_P$　　(B)$i_l = \sqrt{2}i_P$　　(C)$i_l = \sqrt{3}i_P$　　(D)$i_l = 3i_P$

7. 角形接法的三相电源,其相电压有效 U_P 与线电压有效值 U_l 具有如下关系:(　　)。

(A)$U_l = U_P$　　(B)$U_l = \sqrt{2}U_P$　　(C)$U_l = \sqrt{3}U_P$　　(D)$U_l = 3U_P$

8. 根据(　　)特性曲线可知离心泵在哪种工况下工作效率最高。

(A)$H - Q$　　　(B)$N_2 - Q$　　　(C)$\eta - Q$　　　(D)$Q - t$

9. 离心泵的(　　)特性曲线是选择和使用离心泵的主要依据。

(A)$H - Q$　　　(B)$N_2 - Q$　　　(C)$\eta - Q$　　　(D)$Q - t$

10. 降低水泵的(　　)使水泵压头变小,同时可以减少水泵流量。

(A)进口流量　(B)转速　　(C)进口温度　　(D)扬程

11. 水泵的扬程是指单位(　　)的液体通过泵时所获得的(　　)。

(A)质量、总能量　　　　　(B)质量、势能

(C)时间、总能量　　　　　(D)时间、势能

12. 正误差出现的概率与负误差出现的概率相等,这种特性称为正态分布的随机误差的(　　)。

(A)单峰性　　(B)对称性　　(C)抵偿性　　(D)不对称性

13. 在等权测量条件下,对某被测量的量进行多次重复测量,得到一系列测量值 $x_1, x_2, \cdots, x_n$,通常取(　　)作为测量结果的最佳估计。

(A)最大值　　(B)最小值　　(C)中间值　　(D)算术平均值

14. 在整个测量过程中,随着测量位置或时间的变化,误差值成比例地增大或减小,称该误差为( )系统误差。

(A)线性变化 　　　　　(B)周期性变化

(C)复杂规律变化 　　　　(D)恒定

15. 测量人员对测量过程中可能产生的系统误差的各个环节进行细致分析,并在正式测量前就将误差从产生根源上加以消除,这种消除系统误差的方法称作( )。

(A)消除误差源法 　　　　(B)加修正值法

(C)替代法 　　　　　　(D)交换法

16. 按照 SY/T 6422—2008《石油企业节能产品节能效果测定》的要求,机械采油系统节能产品的节能效果测定计算中,无功经济当量宜取( )。

(A)0.02 　　(B)0.03 　　(C)0.04 　　(D)0.06

17. 有杆泵采油包括游梁式抽油机、深井泵系统采油和( )采油。

(A)电潜泵 　　　　　　(B)地面驱动螺杆泵

(C)水力射流泵 　　　　(D)水力活塞泵

18. 泵的主要参数是( )。

(A)流量和扬程 　　　　(B)电流和电压

(C)电流和扬程 　　　　(D)流量和电流

19. 加热炉热工测试反平衡法是通过测出锅炉的( ),来计算锅炉的热效率。

(A)各项热损失 　　　　(B)蒸发量

(C)燃料消耗量 　　　　(D)炉膛温度

20. 锅炉系统加装空气预热器可以降低( )温度。

(A)给水 　　(B)排烟 　　(C)送风 　　(D)炉膛

三、简答题(每题 5 分,共 20 分)

1. 什么叫燃料的低位发热量?

2. 什么叫三原子气体?

3. 简述什么是机械采油系统?

4. 目前油田主要应用的注水泵的类型有哪些? 特点是什么?

四、计算题(每题 10 分,共 20 分)

1. 某加热炉循环介质流量 G 为 123.45m³/h,含水率 W 为 0,纯油密度为 864kg/m³,进口温度 t_j 为 55.42℃,出口温度 t_c 为 72.15℃,介质比热容 C_y 为 1.989kJ/(kg·℃),试求加热炉热负荷。

2. 某台离心式水泵,电动机额定功率为 75kW,电动机负载率为 65%,电动机输入功率为 61.5kW,试求电动机效率?

第9卷答案

一、填空题

1. 电功率　　2. 油　　3. 1500m　　4. 多级泵　　5. A

6. 200A　　7. 泵机组　　8. 水平衡测试　　9. 漏失率　　10. 2%

11. 3600　　12. 水力损失;机械损失　　13. 干气;湿气

14. 3.5%;5.5%;7%;5%　　15. 热对流;热辐射　　16. 传导热量

17. 保持不变　　18. 化学能　　19. 一半　　20. 有效;消耗

21. 产生蒸汽的压力　　22. 稳定　　23. 完全燃烧　　24. CO_2;O_2

25. V　　26. 1　　27. 流速　　28. K　　29. J　　30. 2.5MPa;天然气

二、选择题

1. A	2. D	3. D	4. A
5. C	6. A	7. A	8. C
9. A	10. B	11. A	12. B
13. D	14. A	15. A	16. B
17. B	18. A	19. A	20. B

三、简答题

1. 答:单位质量的燃料在完全燃烧时所发出的热量称为燃料的发热量,高位发热量是指 1kg 燃料完全燃烧时放出的全部热量,包括烟气中水蒸气已凝结成水所放出的汽化潜热。从燃料的高位发热量中扣除烟气中水蒸气的汽化潜热时,称燃料的低位发热量。

2. 答:烟气中的三原子气体是指烟气中由三个原子组成的气体

成分,主要是 CO_2 , SO_2 , NO_2 等气体,用 RO_2 表示。

3. 答:由井下泵油管电动机传动及辅助装置组成,用以将油井产出液从井下举升至地面的采油设备总体和油井所组成的系统,主要包括抽油机采油系统、电潜泵采油系统和螺杆泵采油系统。

4. 答:主要有离心式注水泵和柱塞式注水泵,离心泵排量大,维护简单,在注水量大、注水压力为 16MPa 的系统里被广泛采用,是高渗透率、整装大油田的主力泵型。柱塞泵具有扬程高、排量小、效率高、电力配套设施简单(指 380V 电压系统)等特点,适用于注水量低、注水压力高的中低渗透率油田或断块油田。

四、计算题

1. 解:

$$Q = G\rho C_y \Delta t$$
$$= 123.45 \times 864 \times 1.989 \times (72.15 - 55.42)$$
$$= 3549242(kJ/h)$$

答:加热炉热负荷为 3549242kJ/h。

2. 解:

$$\eta_{电} = \frac{\beta P_N}{P_入} = \frac{0.65 \times 75}{61.5} \times 100\% = 79.27\%$$

答:电动机效率为 79.27% 。

节能监测员培训考试题（第10卷）

一、填空题（每空1分，共40分）

1. 有功功率与视在功率的比值称为_____。

2. 加热炉输出有效热量与供给热量之比的百分数叫_____。

3. 离心泵铭牌标明泵型号为 D155 – 170 × 11，这台泵的排量为_____。

4. 测量准确度是测量结果与_____之间的一致程度。

5. 长度的单位"米"的单位符号是__。

6. 机组运行时，泵输出的有效功率与机组输入的有功功率之比的百分数为_____。

7. SY/T 6275《油田生产系统节能监测规范》中规定抽油机井节能监测项目平衡度指标应保持在_____之间。

8. SY/T 6275—2007《油田生产系统节能监测规范》规定的加热炉监测项目包括：_____、_____、_____、_____。

9. SY/T 6381—2008《加热炉热工测定》规定，加热炉热工测试能量平衡计算温度基准为_____。

10. GB/T 10180—2003《工业锅炉热工性能试验规程》规定，锅炉散热损失可以用_____、_____和_____三者之一确定。

11. 电动机运行 1kvar 无功功率所引起的电网有功功率损耗是_____。

12. 单位体积中所容纳的工质的质量称为____，其法定计量单位是_____。

13. 测量误差主要分为三大类：_____、_____、_____。

14. 焓是一个组合的状态参数，为系统的内能与____和____乘积之和。

15. 同是 1000kJ 的热量，____不同，其热能品质就不一样。

16. 热量只能从高温物体不花代价地传给____物体。

17. 正确计算能源效率可以预测能源系统各环节的_____。

18. 平移运动动能与运动物体的____和速度有关。

19. 加热炉按_____不同可分为燃油加热炉、燃气加热炉、油气两用加热炉。

20. 排烟热损失指的是锅炉加热炉运行中____所带走的热量损失。

21. 锅炉按炉膛内_____分为负压锅炉、微正压锅炉、增压锅炉。

22. 燃烧器在燃烧过程中,____是第一位的。

23. 在加热炉的主要参数中,单位时间内介质吸收有效热量的能力叫_____。

24. ___是煤中发热量最高的元素,但含量不多。

25. 在进行直流电流测量时,电流表必须与负载___联。

26. $1 m^3/s = $____ m^3/h。

27. $1 Pa = $__ N/m^2,$1 MPa = $_____ Pa。

28. SY/T 6275《油田生产系统节能监测规范》中规定,抽油机井节能监测项目系统效率评价指标中 k_1 代表_____,k_2 代表_____。

29. 加热炉型号的第三部分表示加热炉燃用燃料的种类,其中天然气的燃料种类代号为__。

二、选择题(每题 1 分,共 20 分)

1. 蒸汽锅炉中锅吸收热量,将水加热成( )。
(A)蒸汽 　　　　　(B)高温水
(C)低温水 　　　　(D)一定压力和温度的水

2. 锅炉压力的常用国际单位符号是( )。
(A)MW 　(B)MPa 　(C)MJ 　(D)kgf

3. 电的当量热值即是电本身的热功当量( )$kJ/(kW \cdot h)$。
(A)2600 　(B)3600 　(C)4600 　(D)5600

4. $1 kg$ 燃料带入炉内的热量 Q_r 及锅炉有效利用热量 Q_1 和损失热量 $Q_失$ 之间的关系为( )。
(A)$Q_r = Q_1 + Q_失$ 　　(B)$Q_1 = Q_r + Q_失$
(C)$Q_失 = Q_1 + Q_r$ 　　(D)$Q_r > Q_1 + Q_失$

5. 如果变压器容量选择过大,以及变压器经常在"大马拉小车"的状态下运行,会增加变压器的( )和无功损耗。

(A)铁损 (B)铜损 (C)效率 (D)负载

6. 物体内能的改变有两种方式,即做功和热传递。第一种方式使( )转变为物体的内能。

(A)化学能 (B)热能 (C)机械能 (D)电能

7. 能源按( )可分为一次能源和二次能源。

(A)形态 (B)利用状况 (C)使用性能 (D)形成条件

8. 变压器的有功损耗由( )组成。

(A)铁损和铜损

(B)铁损和激磁无功损耗

(C)铜损和漏磁无功损耗

(D)激磁无功损耗和漏磁无功损耗

9. 变压器的无功损耗主要由( )两部分组成。

(A)铁损和铜损

(B)铁损和激磁无功损耗

(C)铜损和漏磁无功损耗

(D)激磁无功损耗和漏磁无功损耗

10. 变压器的短路试验是用来测定变压器的( )试验。

(A)铁损 (B)铜损 (C)漏电 (D)效率

11. 在工程测量中,均用( )表示测量结果的准确度。

(A)绝对误差 (B)相对误差

(C)引用误差 (D)最大引用误差

12. 在测量中,对某一被测量进行若干次重复测量以取其平均值,是为了消除( )。

(A)系统误差 (B)偶然误差 (C)疏失误差 (D)理论误差

13. 变压器并列运行的目的是( )。

(A)提高电网电压

(B)降低电网电压

(C)提高电网功率因数

（D）提高变压器的经济性和供电可靠性

14. 变压器运行的三个指标是（　　）、负荷率和功率因数。

（A）电能利用率　　　　　　（B）效率

（C）损耗率　　　　　　　　（D）铁损率

15. 泵运行效率是指泵在运行时,输出的有效功率与泵（　　）功率之比的百分数。

（A）无效　　（B）损失　　（C）输入　　（D）无功

16. 泵在单位时间内输送流体的体积或质量称泵的（　　）。

（A）功率　　（B）效率　　（C）流速　　（D）流量

17. 按照 SY/T 6275—2007《油田生产系统节能监测规范》的要求,稀油井抽油机系统效率 $\geq 18/(K_1 \cdot K_2)$,其中, K_1 和 K_2 分别为（　　）对机采井系统效率影响系数。

（A）油田渗透率、沉没度　　（B）动液面、沉没度

（C）油田渗透率、泵挂深度　　（D）动液面、泵挂深度

18. 根据烟囱冒烟的颜色,判定哪种烟色表明燃料燃烧时的过剩空气系数过大?（　　）。

（A）黑色　　　　　　　　　（B）深灰色

（C）白色,近似于无烟　　　　（D）浅灰色

19. 游梁式抽油机工作时,动力机将高速旋转运动通过皮带和减速箱传给曲柄轴,带动曲柄做（　　）旋转。

（A）高速　　（B）低速　　（C）快速　　（D）间断

20. 当线路（　　）时,电动机铁芯会产生磁饱和现象,导致空载电流过大。

（A）负载过大　　（B）负载过小　　（C）电压太高　　（D）电压太低

三、简答题（每题5分,共20分）

1. 什么叫定向井?什么叫水平井?什么叫斜直井?什么叫侧钻井?

2. 什么叫光杆功率?是如何测量的?

3. 传热的三种基本方式是什么?

4. 过剩空气系数的含义是什么?

四、计算题(每题 10 分,共 20 分)

1. 已知水泵进口压力 p_1 为 0.1MPa,出口压力 p_2 为 0.5MPa,进口流速 v_1 为 5m/s,v_2 为 6m/s,压力表位差 ΔZ 为 1m,水的密度 ρ 为 1000kg/m^3,试求水泵扬程?($g = 9.8$m/s^2)

2. 已知某抽油机井,输入功率为 8.13kW,日产液为 23.8t,油井液体密度为 0.98t/m^3,动液面深度为 987.56m,试求抽油机百米吨液单耗?

第 10 卷答案

一、填空题

1. 功率因数   2. 热效率   3. 155m^3/h   4. 测量真值

5. m   6. 机组运行效率   7. 80% ~ 110%   8. 排烟温度;空气系数;炉体表面温度;热效率   9. 环境温度   10. 热流计法;查表法;计算法   11. 无功经济当量   12. 密度;千克每立方米(kg/m^3)   13. 系统误差;随机误差;粗大误差   14. 压力;容积   15. 温度   16. 低温   17. 节能潜力   18. 质量   19. 使用燃料   20. 排烟   21. 烟气压力   22. 安全   23. 热负荷   24. 氢   25. 串   26. 3600   27. 1;1×10^6 28. 油田渗透率;泵挂深度   29. Q

二、选择题

1. A	2. B	3. B	4. A
5. A	6. C	7. D	8. A
9. D	10. B	11. B	12. B
13. D	14. A	15. C	16. D
17. C	18. C	19. B	20. C

三、简答题

1. 答:定向井是使井身沿着预先设计的井斜和方位钻达目的层的井。水平井是指井斜角达到或接近 90°,井身沿着水平方向钻进一定长度的井。斜直井是从井口开始,井眼轨迹首先是一段斜直井段的定向井。侧钻井是在原有井眼轨迹(直井、定向井、水平井均可)的基础上,使用特殊的侧钻工具使钻头的钻进轨迹按照预先的设计偏离原井眼轨迹的油井。

2. 答:光杆功率是抽油机光杆提升井液和克服井下损耗所需的功率。光杆功率是测量抽油机的示功图面积,通过计算得出。

3. 答:热传导、热对流、热辐射。

4. 答:在实际燃烧过程中,为了保证燃料的完全燃烧,供给的空气量要比理论用空气量多,多出的这部分空气叫过剩空气,实际空气供给量与理论空气用量的比值,叫过剩空气系数。

四、计算题

1. 解:

$$H = \frac{(p_2 - p_1) \times 10^6}{\rho g} + \Delta Z + \frac{v_2^2 - v_1^2}{2g}$$

$$= \frac{(0.5 - 0.1) \times 10^6}{9.8 \times 1000} + 1 + \frac{6^2 - 5^2}{2 \times 9.8} = 42.38(\text{m})$$

答:水泵的扬程为 42.38m。

2. 解:

$$W = \frac{P_入 \times 24 \times 100}{\rho Q H_d}$$

$$= \frac{8.13 \times 24 \times 100}{0.98 \times 23.8 \times 987.56}$$

$$= 0.847(\text{kW} \cdot \text{h/m}^3)$$

答:抽油机百米吨液单耗为 0.847kW·h/m³。

参 考 文 献

［1］王清平,赵明凯,宋占胜．螺杆泵交流永磁地面直驱装置［J］．油气田地面工程,2008,12.
［2］张克岩．潜油直驱螺杆泵［J］．油气田地面工程．2011,7.
［3］何登龙等．注水泵工技术问答［M］．北京:石油工业出版社,2009.
［4］成大先．机械设计手册(第1卷)［M］.5版.北京:化学工业出版社,2008.